"十二五"国家科技支撑计划"北方重点地区适应气候变化技术开发与应用"项目
"国家适应气候变化方法学研究和综合技术体系构建"课题(2013BAC09B04)
中国清洁发展机制基金赠款项目
"典型国家适应气候变化方案研究与中国适应策略和行动方案"(编号：2013034)
资　助

国家适应气候变化
科技发展战略研究

中国21世纪议程管理中心　编著

Study on Climate Change Adaptation Strategy of
Science and Technology Development in China

科学出版社
北京

内 容 简 介

本书在回顾和分析国内外适应气候变化科技发展现状与趋势的前提下，提出推进中国适应气候变化科技发展的思路、原则和目标，构建出具有中国特色的适应气候变化科技发展体系。并且以适应气候变化技术路线图为核心，以适应气候变化政策为保障，以适应气候变化的数据、方法与理论为基础，开展了适应科技发展战略研究。最后在对战略研究成果凝练的基础上，提出了中国适应气候变化科技发展的综合布局建议。本书可以为国家"十三五"期间以及中长期适应气候变化领域的科技规划和部署提供战略建议和支撑，也有助于推动中国适应气候变化研究、技术开发和推广应用，对增强中国适应气候变化的科技能力具有重要意义。

本书可供相关行业和地方的管理部门使用，也可供气候、气象、农业、水资源、林业、政策等领域的科研和教学人员参考。

图书在版编目（CIP）数据

国家适应气候变化科技发展战略研究／中国21世纪议程管理中心编著. —北京：科学出版社，2017

ISBN 978-7-03-048448-2

Ⅰ.①国…　Ⅱ.①中…　Ⅲ.①气候变化–科学发展–发展战略–研究–中国　Ⅳ.①P467

中国版本图书馆 CIP 数据核字（2016）第 119702 号

责任编辑：王　倩／责任校对：张凤琴
责任印制：张　倩／封面设计：无极书装

科 学 出 版 社 出版

北京东黄城根北街 16 号
邮政编码：100717
http://www.sciencep.com

新科印刷有限公司 印刷

科学出版社发行　各地新华书店经销

*

2017 年 1 月第　一　版　开本：787×1092　1/16
2017 年 1 月第一次印刷　印张：10　插页：2
字数：250 000

定价：88.00 元

（如有印装质量问题，我社负责调换）

《国家适应气候变化科技发展战略研究》
编写委员会

序　言

根据联合国政府间气候变化专门委员会（IPCC）第五次报告和我国《第三次气候变化国家评估报告》，气候变暖已是不争的事实。气候变暖导致极端天气发生强度和频度增加，包括暴雨洪灾、干旱热浪、雪量减少、温度提高和海平面上升，以及由此引发的对粮食产量、能源供应、基础设施和生态系统等的巨大压力，对我国的经济、社会和生态环境已构成严重威胁。作为应对气候变化的两大对策之一，适应气候变化是我国更现实、紧迫的任务。

科技进步与创新是适应气候变化的重要支撑，科学、客观的气候变化战略研究是适应气候变化科技发展的引领。近年来，随着国家经济社会快速发展，特别是生态文明建设的加速推进，科学技术部高度重视适应气候变化科技工作，取得了积极进展。我国开发了发展中国家唯一具有自主知识产权的气候模式，参与了IPCC的全球模式对比计划，对未来气候情景进行预估；开展对农业、林业、水资源等关键部门和城市、沿海地区等脆弱区域的气候变化影响与风险评估；建立流域气候风险预测预警系统，实现黄河流域水库联合优化调度；建设青藏铁路、公路应对冻土消融工程，发展调整铁路应对暴雨、雾霾等气象灾害技术体系，保证国家重大工程的安全。但我国适应气候变化工作整体还处于较为被动的阶段，缺乏主动计划的适应行动。适应科技的发展水平还不能支撑国家系统、有序和高效地适应气候变化。

《巴黎协议》的签订并生效，指明了全球以及中国建设"气候适应型"社会的方向。未来，应该将适应气候变化纳入国家发展的整体框架中，不断夯实适应气候变化的科学基础，提升政府的气候治理能力，制定与实施强有力的适应政策和措施，使经济社会发展具有强大的气候恢复能力。

为更好满足新形势下我国适应气候变化的需要，继续为我国应对气候变化相关政策的制定提供坚实的科学依据，本书提出发展我国适应气候变化科技的基本思路、原则和阶段目标，构建具有中国特色适应气候变化科技体系的基本框架，建立适应气候变化的技术链条，力图解决长期以来适应气候变化各环节相互脱节的问题，明确适应气候变化技术研发的途径，编制我国未来 5～15 年适应气候变化的技术路线图，提出国家适应气候变化科技发展的综合布局、重点方向与任务、未来科技发展的政策与对策建议，为我国"十三五"应对气候变化相关科技创新规划的编制提供了决策参考。

本书是国内气候变化领域众多专家智慧的结晶，由 50 余位适应气候变化领域专家参与撰写。相信通过大家的努力，对指导集中优势资源促进我国适应科技的自主创新与重点突破、充分体现适应科技的先导引领作用，使我国适应气候变化工作跃上一个新高度发挥重要作用。

刘燕华

国务院参事
国家气候变化专家委员会主任

前　言

随着气候变化影响的不断凸显，发达国家开始日益重视适应气候变化工作。而气候变化对我国的负面影响已在多个领域呈现，并且某些影响具有不可逆性，如果不采取有效的适应措施，气候变化所造成的损失将进一步加大，并可能阻碍我国经济社会的进一步发展。保障我国粮食安全、生态安全和人民生命财产安全，要求我们把适应气候变化工作摆在极为重要的地位。

我国是发展中国家，人口众多、气候条件复杂、生态环境整体脆弱，正处于工业化、信息化、城镇化和农业现代化快速发展的历史阶段，适应气候变化任务十分繁重，但全社会适应气候变化的意识和能力还普遍薄弱。我国所处的发展阶段以及气候变化对我国的影响特点决定了我国适应气候变化需要坚持可持续发展、协同、公平、成本效益等原则。必须在可持续发展的框架下，统筹考虑经济发展和保护气候，在适应气候变化的过程中弥补发展欠账，调整发展方式以适应不断变化的气候，实现经济社会发展和应对气候变化的双赢。

鉴于我国适应气候变化的现实性、重要性和紧迫性，科学技术部在"十二五"国家科技支撑计划项目"北方重点地区适应气候变化技术开发与应用"中，专门安排了适应气候变化科技发展战略研究这一重要任务，在此基础上我们组织编写了《国家适应气候变化科技发展战略研究》一书，为国家制定适应气候变化的相关战略和规划等提供科技支撑。本书汇集了"十二五"国家科技支撑计划项目群中适应气候变化相关的五个项目、23 个课题的研究成果，构建出包括适应技术、政策和数据方法在内的"适应气候变化的科技发展体系"；梳理出从气候预估到风险评估，从影响评估到适应措施的"适应气候变化全技术链条"；编制出适应气候变化的技术发展路线图，实现了适应领域技术路线的零突破；提出包含四个板块、六个重点研究方向和 20 项研发任务的适应气候变化科技综合布局。此外，该研究成果还为《气候变化影响适应研究与减缓技术研发重点专项动议》以及《"十三五"应对气候变化科技创新规划》的编制提供了决策参考。

本书共分8章：第1章介绍适应气候变化科技发展战略研究的背景、本书的章节结构、研究方法，提出本报告拟解决的主要问题；第2章介绍国际适应气候变化科技的现状与发展趋势、重点领域关键适应技术的研究进展、国际社会适应气候变化科技发展制度建设的经验及对我国适应科技发展的启示；第3章回顾我国适应气候变化科学发展的现状与进展，分析我国当前适应气候变化科技发展的需求和面临的机遇与挑战；第4章概述我国适应气候变化科技发展的整体思路、总体原则和基本原则；第5章分析我国适应气候变化科技数据开发与服务的现状与建设需求，综述我国适应气候变化理论与方法研究的现状与需求，提出科学数据保障能力的发展战略和推进我国适应气候变化科学理论与方法学研究的战略；第6章概述适应气候变化技术的发展流程，分析共性技术的发展趋势，提出我国适应气候变化科技发展的总体路线图与未来不同阶段适应气候变化科技发展目标、重点任务与技术需求；第7章分析了我国适应气候变化的政策与制度现状与需求，从适应气候变化科技发展的体制、机制、法律体系、资金保障、市场机制发挥和能力建设等方面提出推进适应气候变化科技发展的政策保障与制度建设建议；第8章在前面章节的基础上，阐述我国适应气候变化科技发展的综合战略，归纳出我国适应气候变化科技发展的两大体系、四个板块、六个研究方向，提出气候变化适应科技发展的综合战略与对策建议。

本报告是在中国21世纪议程管理中心的组织下完成，是50余位专家学者集体智慧的结晶。编写过程中成立了编写委员会，召开了多次全体编写专家、核心专家和统稿专家会议。第1章由何霄嘉牵头编写，张换兆、许吟隆、郑大玮参与编写；第2章由孙傅、曾维华牵头编写，赵东升、王科、许伟宁参与编写；第3章由郑大玮牵头编写，许吟隆、李阔、何霄嘉、潘志华参与编写；第4章由许吟隆牵头编写，郑大玮、吴绍洪、严登华、李阔、高清竹参与编写；第5章由曲建升牵头编写，马世铭、袁文平、许吟隆、缪驰远 曾静静、董利苹、王金平、廖琴、裴惠娟、刘莉娜、崔雪峰 王守荣、韩雪、贺勇、李迎春参与编写；第6章由吴绍洪牵头编写，高江波、严中伟、许吟隆、肖辉、尹云鹤、严登华、李阔、辛晓平、吕宪国、李迪强、张于光、何霄嘉、刘时银、王国庆、丁文广、赵洪波、李海蓉、刘志高、杨志勇、陈宝瑞参与编写；第7章由马欣牵头编写，冯相昭、张雪艳、周景博、王春梅、杜俊慧参与编写；第 8 章由严登华、何霄嘉牵头编写，许吟隆、郑大玮、杨志勇、翁白莎参与编写。最后由许吟隆、郑大玮、何霄嘉统稿完成。

本报告参考了国内外相关文献，但由于篇幅所限，难免会有疏漏。由于编者水平有限，错误在所难免，恳请社会各界批评指正！

本书编写委员会

2016 年 5 月

目　　录

第1章 总 论

1.1 研究背景和意义

自工业革命以来，尤其是近一百多年来，全球经历了以变暖为主要特征的气候变化，对人类的生存环境与经济社会发展带来了深刻影响，气候变化与全球经济危机、恐怖主义并列为当今世界的三大风险（韦尔策尔等，2013）。2013~2014 年发表的 IPCC《第五次评估报告》以更加翔实的科学数据与事实阐述和评估了全球气候变化的趋势与影响，总结了应对气候变化的途径与对策（IPCC，2014）。1992 年在里约热内卢召开的世界环境与发展大会上，与会各国签订了《联合国气候变化框架公约》，决定采取协调一致的行动来应对全球气候危机，并提出了减缓与适应两大对策。国际社会认为减缓与适应两大对策相辅相成，缺一不可。习近平主席在 2015 年中美、中法国家元首气候变化联合声明和巴黎气候大会开幕式的讲话中都指出要"坚持减缓与适应并重"。《巴黎协定》提出了全球平均温度升幅控制在 2℃ 以内并继续争取把温度升幅限定在 1.5℃ 的具体目标，这就要求我们有效整合国内国际科技资源，找到适应与减缓有效协同的韧性可持续发展路径。

适应气候变化的实质是要求人类遵循气候规律，与大自然和谐相处。适应气候变化并不是消极和被动的，生物正是在适应气候变化的过程中进化和演替，人类社会也是在适应气候变化的过程中不断进步和发展的。适应气候变化是可持续发展理念的一个重要组成部分。世界各国先后出台了适应气候变化的国家战略或行动计划，并针对气候变化的影响采取了积极的适应行动。

中国政府重视适应气候变化问题，结合国民经济和社会发展规划，采取了一系列政策和措施，取得了积极成效（国家发展和改革委员会等，2013）。自"八五"以来陆续开展了相关研究与适应技术应用示范，科技支持力度不断加大，取得了重要进展。但与减缓相比，适应工作相对滞后，很大程度上是由于适应科技发展仍不能满足经济社会发展与生态文明建设的要求。党的十八届五中全会提出"十三五"全面实现小康的新发展格局，将在"四个全面"战略布局下，坚持"五位一体"的发展思路，全面推进和落实创新、协调、绿色、开放和共享五大发展理念。由于气候变化，尤其是极端天气气候事件加剧资源、环境的瓶颈制约，对国家粮食安全、水安全、生态安全、城市安全和人民生命财产安全构成的威胁，为了实现"十三五"规划目标和全面建成小康社会，必须加强适应气候变化工作。为此，需要开展适应科技发展战略的研究，促进具有中国特色适应气候变化理论与技术体系的构建，全面开展适应工作提供强有力的科技支撑。

1.1.1　实现绿色发展的必由之路

加快推进生态文明建设是加快转变经济发展方式、提高发展质量和效益的内在要求，是坚持以人为本、促进社会和谐的必然选择，是全面建成小康社会、实现中华民族伟大复兴中国梦的时代抉择，是积极应对气候变化、维护全球生态安全的重大举措。党中央、国务院高度重视生态文明建设，先后出台了一系列重大决策部署，推动生态文明建设取得了重大进展和积极成效。但总体上看我国生态文明建设水平仍滞后于经济社会发展，资源约束趋紧，环境污染严重，生态系统退化，发展与人口资源环境之间的矛盾日益突出，已成为经济社会可持续发展的重大瓶颈制约。

鉴于气候变化对我国生态安全，尤其是生态脆弱地区的巨大威胁，加强适应气候变化工作，是推进生态文明建设和建设美丽中国的必由之路。《中共中央、国务院关于加快推进生态文明建设的意见》提出，"提高适应气候变化特别是应对极端天气和气候事件能力，加强监测、预警和预防，提高农业、林业、水资源等重点领域和生态脆弱地区适应气候变化的水平"（郑大玮，2014）。虽然"八五"以来我国关于气候变化对自然系统的影响评估和适应对策研究已取得较大进展，但国家全面开展生态文明建设和美丽中国梦的实现对适应气候变化提出了新要求。为此，必须制定加快适应科技体系发展的战略，以支撑重点领域和生态脆弱地区适应技术的研发与应用。

气候变化在对人类的生存环境和经济发展带来巨大影响的同时，还直接影响到人们的消费习惯、行为模式、人体健康和生活方式，并对社会结构与国际政治经济格局产生深刻影响。适应气候变化要求人们尊重包括气候系统在内的大自然并与之和谐相处，摈弃掠夺自然资源和破坏环境与生态的行为，提倡绿色消费模式和绿色生活方式。气候变化对于生态脆弱地区和弱势人群的影响尤为严重，有些地区已经出现"气候贫困"和"气候难民"，区域之间和国家之间的贫富差距正在拉大。为此，国内外学者提出了建设气候适应型社会的发展目标（江世亮，2007；郑大玮，2014），中美元首气候变化联合声明也明确提出要促进气候适应型发展和建设气候适应性社会。应对气候变化正在成为全社会的协调一致行动，适应气候变化也已成为绿色社区或生态文明社区建设的一项重要内容。建设气候适应型社会需要政府主导、企业充分发挥市场机制和全社会参与，必将成为构建多元善治社会的一项重要内容。适应气候变化能力建设也将成为全社会可持续发展能力建设重要的有机组成部分。

所有上述适应行动都需要适应气候变化科技的支撑，然而目前有关气候变化对社会影响的评估与适应对策研究都还十分薄弱，急需提出推进社会发展领域适应科技的发展战略。

1.1.2　经济发展新常态的必然要求

我国经济经过30多年改革开放以来的快速发展，在取得重大成就的同时，资源、环境的诸多矛盾也日益凸显，依靠资源掠夺与牺牲环境，片面追求速度与数量的粗放式发展已走到尽头，适应经济发展新常态，转变经济发展方式，贯彻落实"创新、协调、绿色、开放、共享"的发展理念，建设资源节约型、环境友好型社会势在必行。

气候变化在很大程度上加剧了经济发展新常态下的资源与环境矛盾，我国仍处于工业化、城镇化进程，第二产业比重偏大，加上以煤炭为主要能源，导致我国单位国内生产总值能耗水平远高于美国、欧盟、日本等主要经济体，温室气体排放总量已上升至世界第一位。这种发展方式和能源消耗方式恶化了大气环境，危及了人民群众的健康，甚至威胁到国家安全。气候变化本身也直接影响到资源与环境状况，如气候变暖使生产、生活与生态用水量剧增，加上降水的时空分布更加不均匀，使许多地区的水资源更加紧缺；变暖加剧一些水体的富营养化，风速减弱加剧了雾霾形成，使大气污染加重，海平面上升对沿海国土安全形成巨大威胁，气候变化，尤其是极端气象事件对农业和建筑业、交通运输业和旅游业等高暴露的气候敏感型产业的影响日益凸显，同时也带来了某些机遇。在经济新常态下，迫切需要转变经济发展方式，在实现绿色低碳循环发展的同时，还需要加强趋利避害的适应气候变化科技开发，也是推动我国经济转型，实现创新驱动和"五个发展"的必然要求。

加快发展适应气候变化科技是我国实施创新驱动发展战略的重要内容。经济进入新常态，传统的资源消耗、生态破坏和传统要素驱动型的增长模式已难以为继，迫切要求推动以科技创新为核心的全面创新，使创新驱动成为经济结构调整的原动力和经济发展的新引擎，依靠创新打造持续发展的加速度，进一步缩小与发达国家的差距。气候变化还带来人们出行规律与消费需求的改变，并带来区域与国际贸易格局的变化，其中也包含了某些商机。针对气候变化对新常态下我国经济发展的影响，调整产业结构与工程技术标准，研发推广资源节约和环境治理技术与产品，研发推广各行各业趋利避害和减轻极端天气气候事件损失的适应技术，加强企业的适应能力与减灾能力建设等，都需要通过创新驱动来实现内容。

目前有关气候变化对不同产业的影响评估和适应对策与技术的研究还很不充分，不同产业之间很不平衡，不少领域仍基本空白，研究经济新常态下的适应科技发展战略，将进一步推动我国经济的转型和升级发展。

1.1.3　争取全球气候治理主导权的关键

气候变化已成为全球各国共同面临的挑战，造成不同区域间资源禀赋与环境容量的改变，加剧了发达国家与发展中国家之间的利益冲突与贫富差距，同时也成为世界各国争取全球气候治理主导权的重要内容，不仅将影响我国气候变化治理工作的大局，也影响我国未来国际竞争格局与环境外交中的地位。

气候变化是一项全球性挑战，需要世界各国的共同努力。《联合国气候变化框架公约》签署后，全球气候治理体系逐渐确立，世界各国纷纷将低碳发展和气候适应型发展上升为国家战略，旨在抢占低碳与气候适应型产业国际竞争的制高点。凭借世界领先的气候变化科技能力，发达国家在对气候变化重大科学问题的认识、重大技术与战略性问题的研究以及低碳与气候适应型产业的国际竞争上都处于引领地位，长期主导国际气候谈判和低碳竞争。包括中国在内的发展中国家在全球治理中处于弱势地位，迫切要求通过强化气候变化的战略部署来改变包括中国在内的大多数发展中国家的不利地位，维护自身的正当权益，尤其是发展权。尤其国际社会在 2015 年底达成的《巴黎协定》，坚持了"共同但有区别"的原则，有利于包括中国在内的大多数发展中国家争取建立公平公正的全球气候治理模式。

适应气候变化已经成为双边、多边国际合作的重点内容。气候变化是全球共同面临的挑战，在双边和多边合作中，各国政府不断加强协商，取得许多重要的共识。2015 年 1 月，《中韩气候变化合作协定》强调开展减缓、适应、市场机制、能力建设等领域的合作活动。2015 年 6 月，《第二十次"基础四国"气候变化部长级会议联合声明》强调，巴黎协议须平衡处理德班授权确定的减缓、适应、资金、技术开发和转让、能力建设、行动和支持透明度六要素。2015 年 6 月，《中欧气候变化联合声明》强调，双方将为了人类长远福祉，有效地推动可持续的资源集约、绿色低碳、气候适应型发展。2015 年 9 月，《中美元首气候变化联合声明》重申坚定推进落实国内气候政策、加强双边协调与合作并推动可持续发展和向绿色、低碳、气候适应型经济转型的决心。在巴黎气候大会前夕的 2015 年 11 月 2 日，《中法元首气候变化联合声明》"强调有必要通过巴黎协议表明减缓和适应气候变化在政治上同等重要"。"强调制定和实施国家适应计划、将应对气候变化考虑纳入国家经济社会发展规划和活动、采取多样化适应行动和项目的重要性。双方强调加强发展中国家适应计划和行动国际支持的重要性，同时考虑到那些特别脆弱国家的需要"。

加快适应气候变化科技发展将有利于我国在全球气候变化治理中争取有利地位。我国是世界第一人口大国和第二大经济体，是世界上最大的发展中国家，在全球气候治理体系中拥有与我国人口和经济规模相称的话语权，不仅有利于维护国家利益，也是作为国际社会负责任大国的必备条件。中国实现经济、社会的气候适应型发展还将对同样处于工业化和城镇化发展阶段的其他发展中国家的转型发展起到引领作用。

我国还是世界最大的温室气体排放国，为实现 2020 年排放强度下降 40% ~45% 和 2030 年下降 60% ~65% 和达到峰值的目标，党的十八届五中全会提出，推动建立绿色低碳循环发展产业体系，积极承担国际责任和义务，积极参与应对全球气候变化谈判。这不仅需要加强减缓方面的科技进步，加大减排增汇的力度，同时也需要推进适应领域的科技创新，取得趋利避害的经济效益以降低减排成本与压力。通过统筹应对气候变化重大科学、技术和战略性问题的整体研究，形成"中国版"应对气候变化的系统性战略和制度，将为我国参与全球气候治理及国际气候谈判、提高低碳产业的国际竞争力奠定基础。

1.1.4 科技创新带来重大历史机遇

未来 5 ~10 年，新一轮科技革命和产业变革加速推进，新技术群体融合突破，重大颠覆性技术不断涌现，加速改变产业形态和组织方式，也在推动适应气候变化领域的技术发生革命性变化，将产生难以估量的影响。

以大数据、云计算、物联网等为核心的新一代信息技术向网络化、智能化、泛在化方向发展，将强化适应气候变化的信息基础。信息技术已经成为率先渗透到经济社会生活各领域的先导技术，世界正在进入以新兴产业为主导的新经济发展时期。无线宽带技术带动智能移动终端爆炸式发展，云计算和移动互联使海量数据可以随时随地获取，未来 10 年全球大数据将增加 50 倍，催生大量新型服务与应用。新一代信息技术将与适应气候变化的各个领域深度融合，推动适应气候变化技术更加普及、便捷和易得。

以新能源、新制造、新生物等为核心的重点领域突破，将强化适应气候变化的技术支撑。能源技术革命促进一次能源结构加速调整，构建高效、经济、低碳且符合绿色经济要求的能源供给体系成为全球共识。机器人、智能工厂等推动高端制造发展，3D 打印等面向互联网的新型制造技术将引领新一轮工业革命的发展。同时，以生命科学、生物育种等生物技术推动健康、农业、资源、环境等领域的持续发展，不断加强生物的适应机制，改善人口健康和生活质量。这些重点技术领域的突破，不仅促进经济的发展，同时也为适应气候变化技术水平的提升提供了可靠的支持。

技术创新与商业模式、金融资本深度融合，使得适应气候变化技术应用的空间更加广阔。商业模式创新改变了产业组织、收入分配和需求模式，新技术、新方式与新资本不断融合，推动新产业快速成长。大众创新、微创新推动全民创新创业活动日趋活跃。商业模式创新和大众创新创业，一方面能通过与适应气候变化领域的新技术相融合，不断产生大量的新产业，激化社会资本积极参与适应气候变化工作，且有利可图。另一方面能激发普通老百姓的智慧和力量，共同参与适应气候变化领域的科技创新，极大降低适应气候变化技术的创新难度和成本，形成全民共同参与适应气候变化的全新局面。

适应气候变化涉及经济、社会、生态与环境的几乎所有领域，新科技革命在为适应气候变化行动提供强有力的科技支撑的同时，在适应领域的应用与创新也将极大丰富现代科学技术体系的内容，促进具有中国特色的适应气候变化理论与技术体系的构建，为世界科学技术发展做出自己的贡献。

综上所述，加强适应气候变化战略部署是我国推动生态文明建设、经济绿色转型发展和构建气候适应型社会的必然要求，也是我国争取全球治理话语权和主导权的必然选择。新的科技革命和产业变革为我国加快适应气候变化科技发展提供了良好机遇，构建具有中国特色适应气候变化科技体系又将反过来推动现代科学技术的整体发展。鉴于目前适应气候变化工作明显滞后于减缓的现状，开展国家适应气候变化科技发展战略研究是主动适应经济、社会发展新形势和新要求变化开展的一项重要基础性工作，需要从科技创新、政策制定、治理体系、保障措施等多个方面进行顶层设计和战略思考。

1.2　研究对象与定位

1.2.1　研究对象

适应和减缓是人类应对气候变化的两大对策，减缓气候变化指通过降低温室气体的排放，人为地将气候变化的速度和幅度缓和下来。适应则是从人类的生存与可持续发展的角度着眼，是一种长期战略。适应是"通过调整自然和人类系统以应对实际发生或预估的气候变化或影响"，是针对气候变化影响趋利避害的基本对策。IPCC（2014）第五次评估报告指出，适应是自然或人类系统对于实际或预期的气候或影响所做出调整的过程。对于人类系统，适应寻求减轻或避免气候变化所产生的危害或开发气候变化所带来的有利机遇。对于一些自然系统，适应是通过人类干预措施诱导自然系统朝向预期发生的气候或影响进行调整。

减缓与适应二者相辅相成，缺一不可。比较而言，适应更加强调气候变化影响的紧迫性，要求人类及时应对气候变化对社会经济和资源环境等造成的严重影响，并充分利用所带来的某些机遇；而减缓着眼于通过温室气体的减排和增汇从根本上遏制气候恶化的势头，但由于气候系统的巨大惯性和目前世界各国的技术能力，还无法在短期内实现这样的目标，人类必须通过适应气候变化带来的各种影响来维持经济、社会的可持续发展（潘志华和郑大玮，2013）。

本报告的研究对象并非适应行动本身，也不是研究具体的适应理论与技术，而是对我国适应科技的发展战略进行研究，目的在于通过适应气候变化科技发展战略的制定，推动我国适应气候变化科技事业的发展与应用，为全社会的适应气候变化行动提供理论指导与技术支撑，取得更好的适应效果，保障经济、社会的可持续发展与生态文明建设。为此，必须厘清适应行动、适应科技、适应科技发展战略三者的关系，并在阐明适应气候变化科技体系结构与功能的基础上，进行适应气候变化科技发展战略的顶层设计。

1.2.1.1 适应气候变化科技体系框架

适应气候变化科技体系由适应理论与方法体系、适应技术体系、适应软科学与政策研究三个子系统组成，每个子系统又包括若干二级子系统和许多单元。其中适应理论与方法体系属共性基础性研究，为整个适应科技体系的构建起到指导作用，适应软科学政策研究对适应科技体系的发展起到保障作用。适应技术体系是整个适应科技体系的主体，分为自然系统适应技术体系与人类系统适应技术体系两大部分，又可按照不同领域、行业和区域分别建立若干适应技术体系（图1.1）。

所谓适应气候变化的技术链条，就是从我国适应气候变化的实际需求出发，建立以问题为导向，以技术预测和选择为基础，以技术适用性为前提，同时加强对适应气候变化技术的成效与评估等为环节的适应气候变化技术链条。这样的技术链条以精准的气候变化预估为依据，有助于提高适应的针对性，这样的技术链条将气候变化的影响与适应技术紧密的联系在一起，有助于打破影响与适应相互割裂的"两张皮"问题。具体来说，适应气候变化的技术链条包括：气候预测预估技术、气候影响和风险评估技术以及适应气候变化技术三个环节。也即以气候怎么变化为适应源头，以气候产生的风险和影响为适应对象，最后到具体的适应技术措施环节。

1.2.1.2 适应气候变化科技发展的战略过程

构建适应气候变化科技体系是一个复杂的系统工程，需要遵循科技发展规律进行缜密

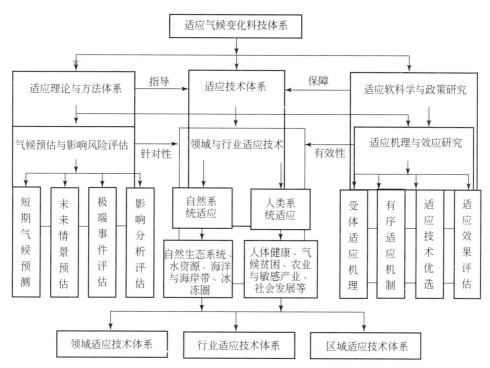

图 1.1　适应气候变化科技体系结构

的顶层设计和制定适合国情的发展战略。首先要对气候变化已经发生的影响做出准确的归因分析与评估，并对未来不同情景的可能影响做出预估，明确和鉴别气候变化风险、确定主要适应目标和技术需求。然后从三个方面入手：一是对现有适应技术进行收集、辨识和优选，二是运用现代科学理论对适应气候变化的机制、技术原理、方法论和政策保障进行基础性和软科学研究的理论创新，三是针对气候变化影响的重大关键和新问题组织组攻关研究和技术创新，包括针对未来可能影响必要的预研究和有选择地引进吸收国际先进适应技术。在明确核心技术与配套技术的基础上，分领域、行业、区域进行三维适应技术体系构建的集成创新和适应技术清单编制，其中包括工程技术、工艺技术等硬技术和结构调整、技术标准修订和经营管理等软技术。选择重点区域、领域和行业进行示范，取得成功后全面推广。针对应用中出现的问题和气候变化的新情况，同时积极开展国际合作与交流，借鉴世界适应技术研发的新进展，对原有适应技术进行效果检验、改进、调整和更新。在创建具有中国特色适应理论与技术体系的基础上，逐步实现适应科技领域向世界先进水平的全面赶超（图 1.2）。

1.2.1.3　适应气候变化科技发展的战略主体

从适应科技发展的主体看，要充分发挥各级政府的主导作用、企业作为适应技术创新主体的作用，并且调动全社会的参与形成全民创新的氛围，形成布局合理、分工配合的适应科技结构，实现适应科技资源的优化配置与高效利用。具体来说，国家与地方科技团队

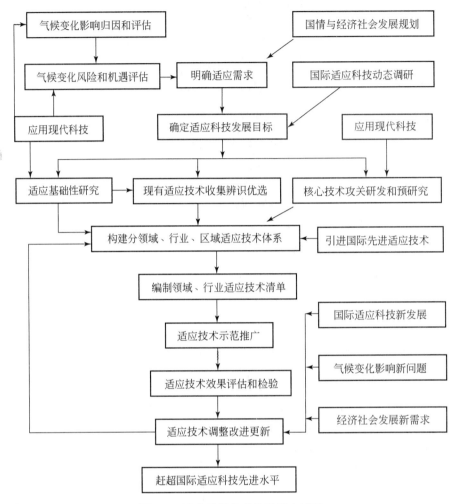

图 1.2　适应科学技术发展战略过程

主要承担适应基础理论与重大适应技术的研发。企业主要开展行业适应技术研发推广与企业防灾减灾，还要鼓励社会力量参与气候适应型社区创建和适应技术研发与创新活动，特别是与人民日常生活关系密切的适应技术与产品开发。同时积极开展适应领域的国际合作，充分利用国际科技资源加快我国的适应科技发展（图 1.3）。

国家适应气候变化科技团队由中央直属科技机构与部门科技机构组成，其中中央直属科技团队侧重研究适应基础理论、方法和研发重大关键适应技术难题，组织协调重大综合性适应问题研究。部门科技团队主要承担本领域或部门的适应机理研究和关键适应技术的研发与推广，组装领域或部门适应技术体系，同时要积极参与跨领域、跨行业和跨区域的综合性适应研究，并承担部分基础性研究。地方科技团队主要承担地方特色适应问题与区域适应技术体系研究。

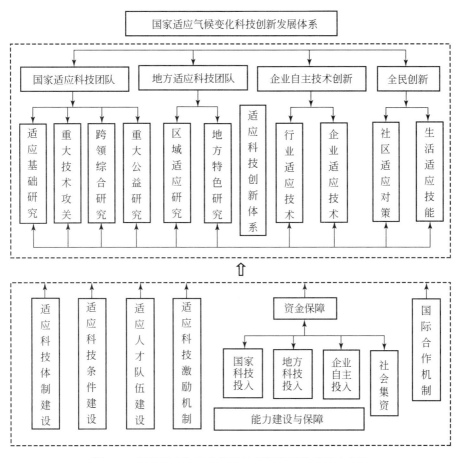

图 1.3　国家适应气候变化科技创新发展体系战略主体

1.2.2　研究定位

本报告的研究聚焦于适应气候变化，即适应气候变化的基本趋势，应对极端天气气候事件，及其所带来的一系列生态后果与社会经济后果，如海平面上升、冰雪消融、海洋酸化、生物多样性改变、生态系统演替，以及人体健康、生态脆弱地区的气候贫困、气候敏感性产业、区域和国际资源环境条件与经济政治格局改变等。上述领域的适应工作都需要适应气候变化理论的指导与适应技术的支撑。本报告试图通过系统梳理主要国家适应气候变化的科技发展现状、适应政策实施绩效，提出适应气候变化科技体系与适应技术链条的框架，建立适应气候变化科技发展的综合战略与政策措施。

本报告的定位，一是汇总适应领域方方面面的成果，以及跨领域的科学资料，为科研人员提供适应领域较为全景性的材料供其参考；二是为不同层面的决策者提供能够解决涉及区域、行业或者国家层面的适应问题的决策参考建议。本报告既不是适应气候变化领域纯的技术报告，同时以研究成果的梳理为基础提出有针对性的战略建议，也就避免了太虚、太高、太专业的所谓战略。本报告旨在为"十三五"期间我国适应气候变化领域的科技规划和部署提供战略建议和支撑，并且为中长期我国适应领域的需求构建适应科技发展体系，打造适应技术链条提供指导和支撑。

1.3　研究思路与方法

1.3.1　研究思路

结合新要求、新形势和新变化，适应气候变化科技发展战略研究也积极采用新的方法和理论，形成了新的技术路线和研究框架。（图1.4）在通过大量文献调查，回顾总结国内外适应气候变化行动与科技发展现状的基础上，分析我国适应气候变化科技发展的需求、存在问题、机遇和挑战，在顶层设计的基础上提出推进我国适应气候变化科技发展的的整体思路、原则和目标。在勾画适应气候变化科技体系框架和总结重点领域关键适应技术研究进展的基础上，提出我国适应气候变化科技发展的路线图和适应技术研发链，重点研究适应气候变化数据方法与理论创新的战略与对策。在归纳上述研究结果的基础上，提出我国适应气候变化科技发展的综合战略与政策保障及制度建设的建议。

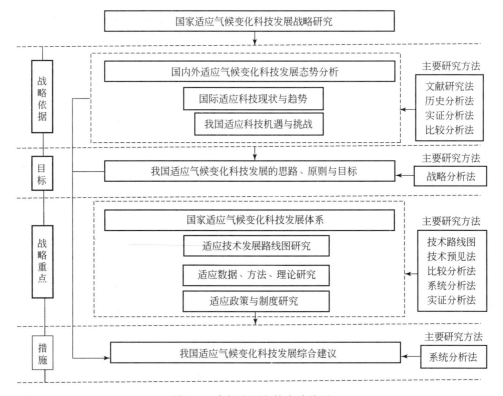

图1.4　本报告研究技术路线图

1.3.2 研究方法

本报告在研究过程中充分考虑到适应气候变化科技的现实需求和发展趋势，采取定量和定性研究相结合，使用了文献研究法、历史分析法、比较分析法、个案研究和实证分析法、系统分析法、技术预见方法以及技术路线图法等方法，进行我国适应气候变化科技发展的战略研究。

文献研究法也称情报研究、资料研究或文献调查，是指检索、搜集、鉴别、分析文献资料，并形成对事实的科学认识的方法（杜晓利，2013），是社会学最常用的方法之一。该方法是在前人和他人劳动成果基础上进行的调查，不需要大量的研究人员和特殊设备，节省了时间和金钱，效率较高。此外，文献研究法是一种间接的、非介入性的调查，它只对各类文献进行调研而不介入被调查者的反应，避免了直接调查中发生的反应性误差。

历史分析法是战略研究的基础，即客观、科学地回顾历史，对已获得的大量资料、数据和信息进行整理、分类与总结。在此过程中可采用统计数学与分析数学作为工具，根据设定变量之间的主从或是因果的回归关系，建立一定的数学模型以进行统计分析（郑莉等，2013）。

比较分析法，就是通过国际比较来提供准确、可靠的信息，为科学而可行的战略决策提供参考。进行国别比较是战略研究中经常使用的方法，这一方面是因为战略本身就是源自于国家间的相互竞争和对抗，另一方面也是由于现代条件下，复杂多变的国际国内因素迫切需要研究他国应对经验以用于自身战略谋划（甄文东，2014）。

个案研究和实证分析法是社会学中常用的研究方法，个案研究主要是某一理论对某一问题上的特定个案做出解释，重点在于从理论出发更深入地理解具体的现实，目的是产生新理论和复证已有理论；实证分析主要是着眼于当前社会或学科现实，通过事例和经验等对理论进行推理说明。个案研究和实证分析有助于微缩研究主题，从而直观了解研究主题的整体态势，方便从整体上把握来龙去脉。

系统分析法。战略研究的对象是复杂而庞大的社会系统或自然系统，具有复杂性、普遍联系性和模糊性的特点，系统方法是指导发展战略研究的一般方法（康荣平，1986）。系统分析法是以系统理论为指导，对系统的目标、要素、功能、结构、环境、制约条件进行定性与定量相结合的研究与分析，多以计算机作为分析工具。该方法可以对研究对象进行模型化、最优化分析和系统评价，能解决传统科学方法所不能解决的复杂多变、不确定因素多、变量多且随机的那一类大系统的决策问题，并能为信息交换和反馈控制提供分析（郑莉等，2013）。本研究采用系统分析方法，秉承"系统结构决定系统功能"的科学思维，对适应气候变化科技体系的结构进行了分析和构筑，对适应科技发展战略进行了顶层设计。对影响适应科技体系发展的各种因素进行了分析，提出了通过优化系统结构和加强政策保障与能力建设来加快我国适应科技发展的对策建议。

技术预见方法。技术预见是对未来较长时期内的科学、技术、经济和社会发展进行系统研究，以确定具有战略性的研究领域，以及选择对那些对经济和社会利益具有最大化贡献的技术。具体方法有德尔菲法及其衍生方法、情景分析法、技术投资组合法、专利分析法等。技术预见是科技战略研究的重要工具和方法。科技部于 2013 年 4 月～2015 年 9 月开展了第五次国家技术预测，主要通过专家德尔菲调查方法，判断未来技术突破和需求方向。本报告编写期间通过多次召开专家会议研讨我或适应气候变化的形式与技术研发趋势，为我国适用气候变化的技术选择提供了重要支撑和依据。

技术路线图法应用简洁的图形、表格、文字等形式描述技术变化的步骤或技术相关环节之间的逻辑关系，是一种重要的战略研究技术方法。该方法能够帮助使用者明确领域发展方向和技术发展目标，识别未来发展所需的关键技术。与其他战略研究方法相比，技术路线图建立了时间序列，明确了不同阶段的科技需求、目标、任务和技术重点（张英喆，2011），不但能推动产业内部技术合作，加强知识共享和减少技术投资风险，也是制定科技规划和计划，提高政府宏观决策科学性的重要依据。技术路线图自 20 世纪 70 年代发展至今，国际上的诸多成功应用使其倍受推崇，已经被很多公司、行业和国家所采用，并向着理论的深度、技术和产品的广度以及可操作性方向发展。

1.4 研究内容和突破点

1.4.1 研究内容

本研究报告分为四个板块：第一板块分析我国适应气候变化面临的形势，包括国际适应气候变化科技的现状与趋势，我国适应气候变化科技发展面临的机遇与挑战。在此基础上，第二板块提出了我国适应气候变化科技发展的总体思路、原则与目标。基于前两个板块的分析。第三板块提出了我国适应气候变化科技发展的路线图、适应气候变化科技发展的政策保障与制度建设、以及我国适应气候变化的数据方法和理论创新对策。第四板块在对上述研究结果总结提炼的基础上提出了我国适应气候变化科技发展的综合战略与若干对策建议。

本报告的研究内容包括 8 个章节：

第 1 章是总论。主要分析适应气候变化科技发展战略研究的背景，阐述研究意义，说明研究对象，简要介绍报告的主要内容和结构，概括了适应气候变化科技发展战略的顶层设计和科技创新体系建设的战略，介绍了研究报告的主要研究方法，提出本报告拟回答和解决的主要问题。

第 2 章介绍了国际适应气候变化科技的现状与趋势，包括全球和不同类型国家适应气候变化科技研发计划的重点领域、实施效果及未来方向，重点领域关键适应技术的研究进展和国际社会适应气候变化科技发展的制度建设的经验，并提出对我国适应科技发展的启示。

第 3 章阐述中国适应气候变化科技进展与发展趋势。首先回顾了我国适应气候变化科学发展的现状与进展，分析我国当前适应气候变化科技发展的需求和面临的新形势，并分析了我国适应气候变化发展面临的机遇与挑战。

第 4 章说明了中国适应气候变化科技发展的思路、原则与目标。首先概括阐述了我国适应气候变化科技发展的整体思路、总体原则和基本原则，分别提出近期（到 2020 年）和中远期（到 2030 年）两个阶段的我国适应气候变化科技发展的战略目标。

第 5 章是关于中国适应气候变化数据、方法和理论发展战略。首先研究了我国适应气候变化数据发展战略，分析了我国适应气候变化科技数据开发与服务的现状与建设需求，提出了科学数据保障能力的发展战略。综述了我国适应气候变化理论与方法研究的现状与需求，提出了推进我国适应气候变化科学理论与方法论研究的战略。

第 6 章研究了中国适应气候变化技术发展路线图研究。首先概述适应气候变化技术的发展流程，提出适应气候变化共性技术应包括气候变化及极端事件检测和预估技术、气候变化影响评估和风险评估技术，分析了共性技术的发展形势。在此基础上然后提出了我国适应气候变化科技发展的总体路线图，阐述了不同领域适应气候变化关键技术及其适用性评估，最后提出了未来不同阶段的适应气候变化科技发展目标、重点任务与技术需求。

第 7 章是适应气候变化制度与政策研究发展战略。分析了我国适应气候变化的政策与制度现状，提出了适应气候变化科技发展的政策与制度需求，最后从适应气候变化科技发展的体制、机制、法律体系、资金保障、市场机制发挥和能力建设等方面提出了推进适应气候变化科技发展的政策保障与制度建设建议。

第 8 章是对整个报告的总结，阐述了中国适应气候变化科技发展综合战略，归纳出我国适应气候变化科技发展的重点方向和重点任务，提出了针对气候变化引起国际经济社会发展格局改变的综合战略与对策建议。

1.4.2　拟取得的突破点

本研究报告试图在以下四个方面取得突破：

一是构建具有中国特色适应气候变化科技体系的基本框架。针对国际应对气候变化和我国经济社会发展的新形势、新需求和新特点，针对以往适应工作针对性、系统性和科学性不足的问题，本报告在综合分析国内外形势变化的基础上，以适应气候变化技术为核心，以适应气候变化政策为保障，以适应气候变化的数据、方法与理论为基础，提出了发展我国适应气候变化科技体系的顶层设计总体思路。

二是建立适应气候变化的技术链条。本报告首次尝试建立从问题—技术选择—技术适用性—成效等环节为核心的适应气候变化技术链条，这样的技术链条一方面解决了我国长期适应气候变化各个环节脱节，连接不够紧密的问题，另一方面给我国未来适应气候变化科技发展提供了系统性解决方案的方向。

三是编制适应气候变化的技术路线图。本报告首次尝试建立适应气候变化以及极端事件的检测和预估技术，建立适应气候变化影响评估技术，建立适应风险评估技术，在此基础上提出了我国未来 5~15 年适应气候变化的总体技术路线图，并分类提出我国不同领域适应气候变化的关键技术和适应气候变化技术适用性评估。

四是建立包括数据、方法、理论和政策在内的面向国家适应气候变化决策的支撑体系。本研究报告从形势和需求出发，提出了适应气候变化的战略目标、技术路线、政策体系、科学数据以及综合战略，系统地为我国适应气候变化战略提供支撑，也能为我国参与全球变化治理提供参考。

五是按照两大体系、四个板块和六个重点研究方向进行适应气候变化科技发展综合布局。两大体系指技术与管理两大体系。四个板块分别为基础与共性技术、技术体系、管理体系和综合集成。其中，技术体系又分为自然环境生态系统、社会经济系统、基础设施领域等三大方向的研究。在技术与管理体系的研究中，实行从基础到示范推广的全链条研究。

第2章 国际适应气候变化科技发展的现状与趋势

2.1 科技发展在国际适应气候变化行动中的地位

《联合国气候变化框架公约》（以下简称《公约》）把通过预防措施预测、防止或减少引起气候变化的原因并缓解其不利影响作为5条指导原则之一，要求缔约方制定和实施减缓和适应气候变化的计划，开展合作共同应对气候变化的不利影响。从目前国际社会关于温室气体减排的谈判进程来看，即使已经达成巴黎协定，全球温室气体的排放量也要在2030年才能达峰，升温趋势还将持续很长时间，升温幅度很可能超过2℃。因此，采取适应措施应对气候变化成为国际社会的共识和迫切需求。进入21世纪以来，世界各国对于适应气候变化的关注程度与日俱增，国际气候变化谈判推动了一系列适应计划的形成和行动的实施，谈判各国也在区域、国家甚至城市等层次出台了相应的气候变化适应战略和规划。这些行动纲领文件的制定和实施都需要以气候变化科学研究和技术创新为基础，因此科技研发是这些文件的重要内容。

IPCC 发布的气候变化评估报告，特别是其第二工作组的"影响、脆弱性与适应"分报告，是反映国际社会适应气候变化科技发展趋势的代表作（IPCC，1990a，1990b，1996，2001，2007，2014）。从历次报告的发展进程看，《第一次评估报告》首先将适应作为与减缓并列的应对气候变化措施提出；《第二次评估报告》进行了"自主适应"和"计划适应"的分类，此时适应决策的理论基础主要是基于系统"自适应性"的科学认知；《第三次评估报告》进一步将适应的系统分为人类系统和自然系统，对人类系统又分为公共部门和私营部门，将适应措施分为"响应性"和"预见性"的措施，而适应决策的理论基础则为"关注的理由"（reasons for concern），包括独特的和受到威胁的系统、全球总体影响、影响的分布、极端天气事件和大范围异常事件等；《第四次评估报告》赋予适应更多的内涵，包括与减缓的协同、发展道路的选择等，而适应决策的理论基础则为关键脆弱性；在《第五次评估报告》中，适应决策的理论基础则转变为"风险"，尤其强调"关键风险"和"突发风险"，而适应的方式也分为减少脆弱性与暴露程度、渐进适应、转型适应与整体转型等。同时，在《第五次评估报告》中，适应的篇幅大幅增加，专列四章内容讨论适应的需求与抉择、适应的规划与实施、适应的机遇与挑战以及适应经济学，还有一章专门讨论适应与发展路径、减缓和可持续发展，使适应具有了更深刻的内涵和更广泛的外延。纵观 IPCC 五次评估报告的进展可以看出，国际社会对适应的科学认识不断深入，所采取的适应措施的可操作性越来越强。对适应科学机理认识的不断深入，一直是推动全球适应行动前进的最核心驱动力。

2.1.1 欧盟及其主要成员国

2007 年，欧盟发布了关于适应气候变化的绿皮书《欧洲适应气候变化——欧盟行动选择》，把通过气候集成研究扩展知识基础并降低不确定性确立为适应气候变化的 4 个优先行动领域之一，提出的研究议程包括：建立气候变化影响、脆弱性和经济有效适应评价的综合和集成的方法学，加强气候变化对欧洲影响的认识和预测能力，澄清气候变化和臭氧层耗竭对生态系统的影响以及提高其抗御力的途径，建立长期、全面的欧洲全区域高精度数据集和模型，提高与气候变化适应相关的现有和集成数据的可获得性，与私营部门合作支持商业、服务业和工业的气候研究，启动欧洲全区域海岸带现状和未来规划研究等（Commission of the European Communities, 2007）。2009 年，欧盟发布了《适应气候变化：面向欧洲的行动框架》白皮书，提出了提高成员国气候变化适应能力的分阶段行动方案，第一阶段（2009～2012 年）为基础性工作阶段，第二阶段（2013 年以后）为制订和实施全面的适应战略阶段。其中，建立知识基础是第一阶段 4 项核心行动之一，计划采取的行动包括建立信息交换机制，开发方法、模型、数据集和预测工具，建立监控气候变化影响和适应进展的指标，以及评价适应措施的成本和效益（Commission of the European Communities, 2009）。2013 年 4 月，欧盟发布了《欧盟适应气候变化战略》，把更好的知情决策作为三大战略目标之一，并确立了填补知识空白和进一步完善 Climate- ADAPT 适应信息平台两项行动，其中识别的知识空白包括损害和适应的成本效益，区域和局部水平的分析与风险评价，决策支持与适应措施有效性评价的框架、模型和工具，以及监测和评估适应措施成效的方法（European Commission, 2013）。

英国是欧盟国家中积极应对气候变化的先行者。2008 年，英国发布了《英格兰适应气候变化：行动框架》，制定了 2008～2011 年的行动计划，确定了 4 项工作流，其中提供依据以及提高意识并协助行动两项均与科技研发相关。该计划在现有科技研发工作的基础上，继续为适应行动提供稳健、可获取的依据，主要任务包括发布未来气候变化情景、评价气候变化风险、分析适应气候变化的成本效益等。同时，该计划还提出与公共、私营以及第三方组织合作，提高他们采取适应行动的意识，为其提供行动所需的信息和工具，增强其理解和适应气候变化影响的能力，主要任务包括提高气候影响项目（UKCIP）工具的可获取性、提供气候变化风险评价和适应行动指南、识别未来研究需求等。其后，苏格兰政府 2009 年发布的《苏格兰气候变化适应框架》和威尔士政府 2010 年发布的《威尔士气候变化战略》，也都把提供科学依据和为决策提供信息和工具作为重要任务。2013 年 7 月，英国发布了《国家适应规划》，部署了建筑环境、基础设施、健康的适应型社区、农业和林业、自然环境、商业、地方政府等 7 个领域适应气候变化的 31 项行动目标，其中 5 个领域明确提出了填补知识空白的行动目标，例如建筑环境领域的第 6 个目标是认识气候变化对人口聚集中心位置和抗御力的长期影响。

德国 2008 年制定了《适应气候变化战略》，分析了气候变化的影响，部署了战略实施的三方面任务，其一即为加强知识基础。需要加强知识基础的关键领域包括气候知识的质量、10 年时间尺度气候预测、气候变化影响和脆弱性、气候变化的经济分析、区域和部分适应研究、决策支持工具、适应措施排序准则和效果评估等。2011 年，德国出台了《适应气候变化战略的行动规划》以推动《适应气候变化战略》的具体实施，确定的 4 项核心任务之一是提供知识信息与支撑适应行动，主要内容包括评价未来气候变化、评价气候影响和脆弱性、开展适应应用研究、建立适应气候变化战略评价指标、提供数据和信息、交流信息、支持地方部门、实施示范项目等。

法国 2004 年发布的《气候规划》把提高全民气候变化意识和适应能力列为未来的 8 项任务之一，并通过支持一批气候变化适应研究项目提升适应能力，为制定全面的适应战略和规划奠定基础。2006 年，法国发布了《国家适应气候变化战略》，确定了适应气候变化的 9 个战略方向，其中增加认识、巩固观测系统、培训和提高利益相关者意识等战略方向均对科技研发提出了要求。2011 年，法国出台了《国家适应气候变化行动规划（2011～2015）》，制定了包括科学研究在内的 20 个领域的 84 项行动和 230 条具体措施。其中，科学研究领域的主要行动包括提高对气候变化及其影响的认识、为气候变化研究提供支持、部署主题研究项目、推广科研成果应用等，而其他领域也有涉及科技研发的行动。

2.1.2 美国和亚太地区主要发达国家

近年来，美国政府对适应气候变化的重视程度迅速提升。2009 年，刚刚就任的奥巴马总统组建了跨部门气候变化适应工作组。同年 10 月，美国 13514 号总统行政命令要求所有联邦部门评估气候变化风险和脆弱性，研究本部门相关政策适应气候变化的方法。2013 年 6 月，奥巴马总统宣布了《气候行动规划》，部署了碳减排、适应气候变化以及引领国际社会应对气候变化等 3 项核心任务。利用严谨的科学成果管理气候影响是适应气候变化任务的 3 项行动之一，主要内容包括发展面向行动的气候科学、评价气候变化影响、启动气候数据计划、提供气候适应力工具包等。2013 年 11 月，奥巴马总统签署了关于"美国为气候变化影响做准备"的行政命令，专门部署了提高气候变化准备度和适应力的相关行动，其中包括提供信息、数据和工具，要求联邦部门合作开发和提供权威的、易获取的、可用的、及时的数据、信息和决策支持工具。

加拿大从 1990 年发布的《国家应对全球变暖行动战略》开始到后续的历次国家级规划，包括 1995 年的《国家气候变化行动计划》、2000 年的《加拿大政府气候变化行动规划》、2002 年的《加拿大气候变化规划》和 2005 年的《推进应对气候变化：履行京都承诺规划》，都提出加大科技投入，加深对气候变化影响及其适应的认识（孙傅和何霄嘉，2014）。2011 年，加拿大通过《联邦适应政策框架》，确立了加拿大适应气候变化的愿景和目标，并把创造和分享知识作为联邦政府的 3 项功能之一。

澳大利亚 2007 年发布了《国家气候变化适应框架》，把增进认识和建设适应能力以及降低关键部门和区域的脆弱性作为优先领域，提出了建设气候变化适应中心，开展区域气候变化影响和脆弱性评价、重点区域脆弱性综合评价、开发和推广适应规划工具，填补水资源等重点领域的知识空白等行动。2010 年，澳大利亚发布了《澳大利亚适应气候变化：

政府立场书》，明确了推动科学研究并为公众提供信息是政府在适应气候变化中的重要责任。

日本十分重视气候变化适应研究，并在政府部门层次制定了相关政策。日本政府科技决策的最高机构——综合科学技术会议 2010 年发布了《建设气候变化适应型新社会的技术开发方向》，把强化绿色社会基础设施和创建环境先进城市作为适应气候变化的两大战略方向，其中涉及水资源、自然环境、可再生能源系统、紧凑型城市规划、信息化防灾、公众健康等领域，同时提出了相应的技术开发、社会体制改革等需求（孙博和何霄嘉，2014）。

2.1.3 新兴经济体国家

俄罗斯 2009 年发布了《俄罗斯联邦气候学说》，确立了应对气候变化的目标、原则、实施途径等，并明确了 4 项主要任务，其中包括为制定和实施气候变化减缓和适应措施提供科技、信息和人才支撑，内容涉及发展和维护气候观测系统，制定与气候变化相关的安全准则、限值和标准，评价气候变化影响，研究气候变化适应对策等。2011 年，俄罗斯发布了《2020 年前俄罗斯联邦气候学说综合实施方案》，明确了应对气候变化 31 项措施及其责任部门和进度安排，其中包括实施综合的气候研究计划，评价气候变化对国家安全的威胁和对经济的风险及收益以及其适应能力。

印度 2008 年发布了《气候变化国家行动规划》，确立了应对气候变化的原则和方法以及国家层面的 8 项行动计划，其中包括气候变化战略研究计划，内容涉及加强气候模拟研究、提高数据可获取性、强化网络建设、开发人力资源等。同时，其他 7 项行动计划中也包括了部分科技研发的内容，例如水资源计划中提出开发淡化技术等。

南非早在 2004 年就制定了《南非应对气候变化国家战略》，提出的 11 项战略目标中包括建立有效的、综合的气候变化研发和示范计划。2010 年和 2011 年，南非又相继发布了《国家应对气候变化绿皮书》和《国家应对气候变化白皮书》。这两份文件除了在水资源、农业和林业、健康、生物多样性和生态系统、人居环境、灾害风险管理等气候变化适应重点领域部署相关的科技研发行动之外，还把科技研发作为国家应对气候变化资源动员的重要任务，制定相应的行动计划和目标。其中，白皮书还把适应研究列为近期优先实施的 8 项旗舰计划之一。

巴西 2008 年发布了《国家气候变化规划》，确立了减缓和适应气候变化的 7 项目标，其中包括识别气候变化影响、加强战略研究、降低国家适应的社会经济成本。针对这一目标的主要行动包括加强气候研究网络、提高长时间尺度区域气候变化情景的预测能力、开发大型流域的气象水文模型等。2009 年，巴西通过联邦法律 12187 号确定了《国家气候变化政策》，制定了减缓和适应气候变化的目标、战略方向、保障机制等，把科技研发作为政策实施的战略方向和手段。

世界主要国家适应气候变化的实践经验一致表明，将科技研发纳入国家适应气候变化行动战略、规划等纲领性文件并规划其重点方向和任务，或者制定专门的适应气候变化科技研发战略性文件，有利于充分发挥科技发展在适应行动中的基础性、先导性和全局性作用。

2.2 国际适应气候变化的科技研发战略部署

2.2.1 适应气候变化科技研发计划概述

从 20 世纪 70 年代末开始，在全球变化研究领域，国际科学理事会（ICSU）、国际社会科学理事会（ISSC）、世界气象组织（WMO）、联合国环境署（UNEP）、联合国教科文组织（UNESCO）、国际生物学联合会（IUBS）等国际组织相继发起了四大科学计划——世界气候研究计划（WCRP）、国际地圈生物圈计划（IGBP）、国际全球环境变化人文因素计划（IHDP）、国际生物多样性计划（DIVERSITAS）等重大国际性科学计划。在四大科学计划的基础上，2012 年 7 月国际科学理事会和国际社会科学理事会发起了"未来地球"（Future Earth）计划，设置了动态地球、全球可持续发展和可持续性转型 3 个研究主题，旨在打破目前的学科壁垒，重组现有的国际科研项目与资助体制，填补全球变化研究和实践的鸿沟，使自然科学与社会科学研究成果更积极地服务于可持续发展。

1989 年，美国启动了全球变化研究计划（USGCRP），旨在帮助美国和全球理解、评价、预测和应对人为活动引起的以及自然发生的全球变化过程。2001 年布什政府发起了气候变化研究优先行动计划（CCRI），并于 2002 年将 USGCRP 与 CCRI 合并，制定了美国气候变化科学计划（USCCSP），但 USGCRP 称号仍保留。同年，布什政府又制定美国气候变化技术计划（USCCTP），形成了美国完整的气候变化科技计划。2010 年，奥巴马政府以保持与《全球变化研究法》的一致性为缘由，终止了 USCCSP 的提法，恢复 USGCRP 的称号，但仍以气候变化研究为核心。USGCRP 主要支持历史和当前全球气候变异性、自然发生和人为活动引起的气候变化、预测未来气候状况及其影响、气候信息以及决策支持工具等研究。

欧盟框架计划（European Framework Program，FP）是欧盟最主要的科研资助计划，也是迄今为止世界上最大的公共财政科研资助计划，从第一至第七框架计划历时 30 年。FP2（1987～1991 年）把气候学列为环境主题下的研究议题，并于 1989 年启动了环境主题下的两个专门计划，即环境保护科学与技术计划和欧盟气象学与自然灾害计划，后者把气候变化及其影响纳入研究议题。FP3（1990～1994 年）正式把全球变化作为一个研究议题，支持气候变化及其影响研究，FP4（1994～1998 年）开始涉及气候变化适应的研究，FP5（1998～2002 年）明确把气候变化适应作为一个优先研究议题。FP4～FP7 中支持的气候变化适应研究已经涉及水资源、海洋生态系统、陆地生态系统（包括农业和林业）、沿海地区、自然灾害、公众健康等诸多领域。继 FP7 之后，新的研究与创新框架计划——"地平线 2020"（Horizon 2020）于 2014 年正式启动，为期 7 年（2014～2020 年）。"地平线2020"预期在卓越科学、工业领导力以及社会挑战三个方面取得突破，气候变化作为一项重要社会挑战被列入其中，涉及提高对气候变化的认识和预测水平，评价气候变化影响、脆弱性并制定创新性、经济有效的适应和风险预防措施，支撑减缓政策等研究议题，预计与气候相关的经费比例将达35%。

2.2.2 适应气候变化科技研发的重点领域

2.2.2.1 农业

气候变化对农林业及其他土地利用领域的影响日益凸显，同时传统农林业的种植过程也会导致环境恶化及全球变暖。许多国家在适应气候变化的研发计划中均涉及农林业，主要集中在改善农作物品种、农产品加工体系和农业温室气体排放等。

美国农业部（USDA）设立服务农业研究的国家植物种质资源系统（National Infrastructure of Plant Germplasm Resources），为育种工作者提供丰富的遗传基因与环境互作的信息，以便进行抗旱、抗涝、抗热性和高产作物品种的研究，并改善农作物品种以适应气候变化（武峻新和郝刚，1993）。2012年，韩国农林水产食品部公布了推进"金种子项目"基本计划，目标是适应气候变化条件下韩国农作物的培育和粮食安全，并开发20多个适合出口和替代进口的战略种子品种。该计划从2012年到2021年将投入4911亿韩元专门用于种子开发，其中财政投入为3985亿韩元。

2.2.2.2 水资源

气候变化将引起全球水文循环的变化，并对降水、蒸发、径流、土壤湿度等造成直接影响，引起水资源在时间和空间上的重新分配以及水资源总量的改变，增加洪涝、干旱等极端灾害发生的频率和强度，进而使得区域水资源短缺问题更加突出（李峰平等，2013）。

欧盟《洪水指令》要求成员国在2011年首次开展初步评估，以确定流域和相关沿海地区的洪水风险，在2013年绘制这些区域的洪水风险图，并在2015年建立关注预防、保护和防备的洪水风险管理计划（曾静静和曲建升，2013）。澳大利亚政府投资129亿澳元的"未来之水"（Water For The Future）国家计划，主要目的是确保长期的水资源供应，恢复河流及其与水相关系统的健康生态（童国庆，2009）。该国家框架计划包括了城市和农村水资源问题，主要项目包括：投资16亿澳元的澳大利亚智慧水计划（Water Smart Australia Programme）用于开发和利用新技术和基础设施，投资1.012亿澳元用于市政19个水资源安全项目，投资58亿澳元用于可持续农村水资源利用和基础设施项目，投资31亿澳元用于恢复墨累达令盆地的河流系统平衡，投资5亿澳元用于为墨累河流域恢复500千兆公升的水，投资8690万澳元用于雨水收集和再利用工程，建立海水淡化和水资源循环利用示范中心。通过"未来之水"规划，政府增加了用于改善水资源的监测、评估和预测的资金投入。

2.2.2.3 人体健康

气候变化能够通过多种途径影响人类健康，包括直接影响（如热浪、暴雨和洪水的袭击）和通过传播媒介（如蚊虫）、水生病原菌、水、空气、食物、人口迁移以及经济受损等造成的间接影响（曾四清等，2012）。世界各国已认识到气候变化对人体健康的影响，并在人口、健康、卫生和食品等多个领域采取具体措施。

世界卫生组织欧洲区域办事处和欧盟委员会于 2008 年设立"气候、环境与健康行动计划与信息系统"项目，旨在确定当前和未来气候变化对欧洲地区的健康风险，评估政策方案，发展测量时间变化趋势的指标，并将基于极端天气事件、空气质量、传染疾病等开发一套可能的健康—气候变化指标（曾静静和曲建升，2013）。欧洲疾病预防和控制中心开发了"欧洲环境与流行病学网络"，提供传染病监视指南，有关传染病的国家脆弱性、影响和适应评估手册，气候变化与风险地图的传染病指标，气候变化对粮食、水和虫媒疾病影响的风险评估，支持相关气候变化适应活动（曾静静和曲建升，2013）。

2.2.2.4 生物多样性

IPCC 第五次评估报告指出，气候变化已经导致陆地和海洋生物物种的分布范围和活动特征的改变等，进一步温升在 1 ~ 2℃时，地球生物多样性将处于中等风险水平，升温达到 3℃时则达到高风险水平。

澳大利亚是设立生物多样性相关计划的代表国家。2004 年，澳大利亚自然资源管理部长理事会（Natural Resource Management Ministerial Council，NRMMC）发布了《生物多样性和气候变化国家行动计划（2004 ~ 2007）》（National Biodiversity and Climate Change Action Plan）。2007 年发布的《国家气候变化适应框架》（National Climate Change Adaptation Framework）要求建立气候变化对生物多样性和生态系统过程影响的国家研究项目。在《澳大利亚生物多样性保护战略（2010 ~ 2030 年）》（Australia's Biodiversity Conservation Strategy 2010 ~ 2030）中，生态系统适应气候变化是其 3 大优先行动之一。

2.2.2.5 海岸带

由于工农业发达、人口密集的地区多集中于海岸带地区，海平面上升将造成来严重的以至灾难性的后果。同时，海平面上升会严重影响海岸带生态系统和生物资源，并影响海岸带环境（温克刚，2002）。因此，海岸带也是沿海国家科技研发计划关注的重点领域之一。

（1）风暴潮的预报及应对

日本基于历史典型海洋灾害案例研究，结合土地利用和孕灾环境现状，综合考虑风暴潮致灾因子危险性以及沿岸承灾体分布现状，制作最大淹没范围分布图、最大淹没水深分布图及应急疏散图，用于沿海社区海洋灾害的防灾减灾（石先武等，2013）。1995 年，美洲国家联合开展的加勒比海减灾项目开发了热带风暴灾害分析系统 TAOS（The Arbiter of Storms），模拟强风、降雨、风暴潮、海浪等致灾因子全过程情景并分析其综合危险性，制作风暴潮灾害图和脆弱性等级图，用于人员疏散、避灾点建设等（石先武等，2013）。

（2）海岸带研究计划

美国国家海岸带海洋科学中心（National Centers for Coastal Ocean Science，NCCOS）每

年都会对战略规划进行修订，目前该中心的最新版本是 2011～2015 年度战略规划，在适应气候变化领域的主要计划有提高沿海区域对气候变化的响应，建立气候变化对沿海区域影响的模型，气候变化下生态系统和栖息地的脆弱性，开发气候变化影响下新的保护与恢复策略（中国科学院烟台海岸带研究所，2015a）。《未来海岸计划》（Future Coasts Program）是由澳大利亚维多利亚州可持续与环境部和规划与社区发展部共同合作主导的气候变化适应计划的组成部分，项目经费 1370 万美元，主要目的是理解海平面上升和风暴潮带来的风险，并且制定相应的研究规划，例如海岸带洪水数据集、海岸灾害指南、数字高程模型与数据等（中国科学院烟台海岸带研究所，2015b）。

2.2.3 适应气候变化科技研发的未来重点方向

"未来地球"计划在其 2025 年目标展望中识别了该计划致力于推动研究的全球可持续发展面临的主要挑战，其中与适应气候变化相关的挑战包括：理解气候变化对人类和生态系统的影响及其适应响应，建设健康、弹性和高产出的城市并提供具有稳健应对灾害能力的有效服务和基础设施，提高社会应对未来威胁的恢复力，为所有人提供水、能源和粮食并处理三者的权衡和协同关系，保护支撑人类福利的陆地、淡水和海洋自然资产，改善人类健康等（Future Earth，2014a）。在其 2014 年战略研究议程中，"未来地球"计划提出的与适应直接相关的研究问题包括：生物多样性对社会和生态系统应对全球环境变化的恢复力和适应能力的贡献，减缓和适应气候变化行动引起的变化对人类特别是最贫困人群脆弱性和福利的影响，不同方式减缓或适应气候变化及其他全球环境变化的长期社会经济成本和效益，适应到达极限时的"撤退策略"，城乡区域基础设施和服务适应与转型的潜力和可能性等（Future Earth，2014b）。

美国 2012 年发布了《国家全球变化研究计划 2012～2021：美国全球变化研究计划的战略规划》，其中一项战略目标是推进适应和减缓科学研究，增进对人类-自然集成系统脆弱性和恢复力的认识以及提高科学知识在应对全球变化中的实用性，相应的主要任务包括在不同空间和时间尺度上识别和理解应对全球变化的关键环境和社会脆弱性，量化、跟踪和提高区域与部门的全球变化适应能力，为降低全球变暖、海洋酸化、海平面上升、生物多样性退化等变化引起的全球性风险提供支撑，开发和应用应对全球变化的迭代式风险管理工具和方法等（USGCRP，2012）。该计划颁布之后，美国全球变化研究计划每个财年的优先研究领域都部署了与适应气候变化相关的方向。2013 财年的优先领域包括研究社会和生态临界点和阈值、人类对快速变化和极端事件的响应、多重跨部门压力因子联合作用对人类和自然系统恢复力的影响等；2014 财年的三个优先研究主题之一是气候相关环境变化引起的极端事件、阈值和临界点风险；2015 财年和 2016 财年优先支持水资源相关研究以及适应决策和管理研究，包括极端事件风险及其响应、适应和减缓的共生效益和矛盾等。

欧盟"地平线 2020"研究计划在社会挑战部分设立了"气候行动、环境、能源效率和原材料"主题，其中包括影响和脆弱性评价以及经济有效、创新性的适应和风险防范对策研究议题。此外，在其他研究主题下，亦有涉及适应气候变化的研究议题，例如，农林渔业领域支持提高作物、畜禽和生产系统的产率和适应能力的研究，能源领域支持能源系统适应气候变化的研究。"地平线 2020" 研究计划启动后，"气候行动、环境、能源效率和原材料" 主题在 2014～2015 年工作计划中征集的与适应气候变化相关的研究方向包括未来气候条件下的水循环研究、粮食-能源-水-气候集成研究、气候变化和可持续发展的经济学研究等，而 2016～2017 年工作计划中包括欧洲气候变化风险和成本、基于自然的水文气象风险预防和削减方案，生态系统在灾害风险管理和气候变化适应中的保险能力和价值等。

从全球重大科学研究计划以及美国和欧盟重大研究计划对适应气候变化研究的部署来看，适应研究在未来一段时期内将仍是气候变化科技研发的重要甚至是主要内容，气候变化预估、风险评估、适应等技术仍是研发重点，农业、水资源、人体健康、生态系统、社会经济系统等仍是重点领域。

2.3 国际适应气候变化关键技术的发展态势

2.3.1 气候变化预估与风险评估技术

2.3.1.1 气候变化预测预估技术

多圈层耦合的气候系统模式是国际上气候变化预测预估的主要方法。经过 20 多年的发展，目前气候系统模式包含有大气、海洋、陆面和生态、海冰等多圈层及其相互作用过程，同时还耦合了气溶胶、碳循环、动态植被和大气化学过程，其模拟结果已成为 IPCC 评估报告中气候变化模拟预估的科学依据（IPCC，2013）。

气候系统模式发展取得的长足进展，是科学家们孜孜以求、不倦努力克服气候变化预估中存在的科学不确定性的结果。在统一的框架内开展多模式比较，全面评价气候系统模式的模拟能力，成为进一步推动模式发展的关键。世界气候研究计划在过去 20 年里相继组织实施了一系列的模式比较计划，其中对于气候变化预估研究最为重要的是气候模式比较计划（CMIP）（CMIP，1995）。2008 年 9 月，世界气候研究计划进行了新一轮的气候模式试验，即第五阶段耦合模式比较计划（CMIP5），这组新的试验结果为 IPCC《第五次评估报告》提供了气候变化预估和归因的科学依据。CMIP5 的模式为地球系统模式，考虑了陆地生态系统的碳源汇变化和海洋碳循环过程，能够模拟人类温室气体排放对全球碳循环的影响（Taylor et al.，2008）。CMIP5 的数值试验与以前相比也有明显变化，包括：增加了近期的预估和可预测性研究，即未来 10 年的预测和更长（大约 30 年）的预估；历史试验研究计算 150 多年（1850～2005 年）的气候变化；采用新的典型浓度路径（RCP），预估未来 50～100 年或更长（到 2300 年）的气候变化。CMIP5 的各个模式不但要给出更多变量的年、季与月的模拟结果，还要给出日和小时的模拟结果。来自 12 个国家的 46 个地球系统模式参加了CMIP5，美国最多，有13个，中国有6个。CMIP5集合了当前国际最新的气候系统模式模拟结果，通过多模式超级集合预估方法的研究，能够显著提高未来气候变化的预估能力，进一步定量分析预估结果的可靠性，从而为国家制定适应气候变化长期战略提供高质量的气候系统集合预估信息。

2.3.1.2 气候变化风险评估技术

界定和识别气候变化风险进行风险评估与管理的基础，然而目前科学界对于气候变化风险的定义还没有形成统一的看法。世界银行的研究报告认为气候变化风险是特定领域气候变化或气候变异后果的不确定性（The World Bank，2006），IPCC评估报告把气候变化风险定义为不利气候事件发生的可能性及其后果的组合，重点关注不同升温情景下自然和人类系统的气候变化风险（IPCC，2007）。2012年，IPCC发布了《管理极端事件和灾害风险，推进气候变化适应》特别报告（SREX），提出了基于危害、暴露度和脆弱性的风险评估框架，归纳并更新了对气候变化风险的认识，并将社会经济情景和发展路径纳入到风险评估中（IPCC，2012）。在总结前几次评估报告成果的基础上，IPCC第五次评估报告中提出了关键风险的概念。关键风险是指不利的气候变化和自然影响同暴露的社会生态系统的脆弱性发生相互作用，从而对人类和社会生态系统造成潜在的不利后果。关键风险的判断标准包括：高强度、高概率或影响的不可逆性，影响的持续性，对风险的持续脆弱性和暴露度，以及通过适应或减缓减轻风险的局限性（IPCC，2014）。

气候变化风险产生有两方面的原因，一是气候变化和气候变率相关危害的物理属性，另一方面是社会经济的脆弱性和它们对气候不利影响的暴露程度，两者相互作用即产生了风险。基于这种认识，近年来欧美等发达国家在不同领域开展了大量有关气候变化影响和风险评估的工作。美国农业部2009年发布了《气候变化对美国生态系统的影响》研究报告，分析了气候变化对美国农业、土地资源、水资源和生物多样性的影响，奠定了美国制定农林业应对气候变化各项政策措施的理论和现实基础。美国农业部2013年又发布了《美国的气候变化与农业：影响与适应》和《气候变异性和变化对森林生态系统的影响》两份报告，对美国农业和林业面临的气候变化影响和风险进行了细致的描述，并分析了趋利避害的适应措施。2014年5月，美国白宫发布了第三次《国家气候评价》报告，综合分析了气候变化对美国水资源、能源、交通、农业、森林、生态系统、卫生等部门以及不同区域的影响和风险，系统评估了美国政府、非政府和私营部门的气候变化适应活动，并提出了美国在气候和全球变化下的研究需求（Melillo et al.，2014）。在《气候变化法案》框架下，英国实施了气候影响研究计划（UKCIP），并定期开展气候变化风险评价。2012年1月，英国发布了首个《气候变化风险评价：政府报告》，识别了农业和林业、商业、健康、建筑和基础设施、自然环境等5个重要领域的风险和机遇，评估已有的应对政策及未来政策需求，该报告直接为英国2013年发布的《国家适应规划》提供了依据。

然而，由于气候变化对人类和社会生态系统影响的复杂性、广泛性，以及人类认识水平的局限性，人类对风险的认识仍有一定程度的不确定性。目前，对气候变化风险定性的研究多于定量的研究，由于风险是危害、暴露度和脆弱性的复杂相互作用，它们又与气候系统和人类社会经济过程相关，所以风险的综合判断多是基于专家知识，无法区分不同发展路径选择对于相关风险的影响。针对未来气候变化风险的研究多是给出了不同情景下暴露度和脆弱性的定性估计，无法给出气候变化速率相关的影响，也不能明确不利影响的出现时间等。

2.3.2 适应气候变化技术

适应技术就是针对气候变化所表现出来的局地特征和对行业领域或部门产生的具体影响，所采取的有针对性的技术措施，减轻系统脆弱性和气候变化的不利影响，并尽可能地利用气候变化的有利影响所带来的机遇。气候变化适应行动可分为自动的和有计划的、个人的和公共的、预期适应和响应性适应等类型。不同的适应方式各有优势和局限性，仅靠自发适应和自主适应抵御气候变化的叠加影响，其生态、社会和经济代价可能是巨大的，而这些代价大部分可以通过有计划和可预见的适应措施来避免。目前，国际上气候变化适应技术大致可分为四大类：

工程措施是适应技术和适应战略的前端，大多数的适应工程措施都是知识驱动、资本密集、较大规模和高度复杂的（McEvoy et al.，2006；Morecroft and Cowan，2010；Sovacool，2012）。目前，许多工程措施是在考虑气候变化影响前提下对原有措施的改进和提高，例如改进暴雨雨水和废水管理工程、加固大坝和海堤、扩大人工海滩等（Blanco et al.，2009；Koetse and Rietveld，2012；Ranger and Garbett-Shiels，2012）。此外，一些新项目也在设计时考虑了气候变化影响，例如日本新的海岸防护系统考虑了海平面上升的风险等。通过工程措施适应气候变化主要存在两方面的限制，一是需要妥善处理气候变化影响的不确定性，如未来气候预估、人口增长、人的行为方式等方面的不确定性；二是工程寿命和成本可能影响工程措施的灵活性。

科学技术的发展为应用新的技术方法适应气候变化的不利影响提供了可能。例如，农业科技的快速进步已经使农业领域发展了一系列方案，适应气候变化导致的粮食减产，技术涵盖了高效灌溉、施肥方法、抗旱育种等环节直到种植结构调整（FAO，2007；Stokes and Howden，2010）。此外，信息和通信技术的快速发展为自上而下的大规模的信息分发提供了可能，如气候预报、灾害预警、市场信息、信息共享、建议服务等。云技术和大数据技术的进步可以通过群聚效应自下而上的产生一些对适应气候变化的有用信息，如洪水水位、疾病暴发程度和灾害管理的响应等（MacLean，2008）。

基于生态系统的适应正在成为一种综合的气候变化适应方法，即利用自然生态的承载力和恢复力调控气候变化的不利影响（Huntjens et al.，2010；Jones et al.，2012）。在一项针对44个国家适应行动方案的研究中，50%的方案认识到生态系统服务价值的重要性，大约22%的项目包括了最大限度地利用生态系统服务功能来支持基础设施、土壤保护和水管理方面的适应行动（Pramova et al.，2012）。例如，绿色屋顶、有孔的硬化路面、城市公园等绿色基础设施可以有效地改进暴雨管理和减轻城市洪水风险，调节热岛效应，并且有利于减缓气候变化。但是，基于生态系统的适应方案的实施和评估通常比较困难，它可能涉及政府部门、研究机构、公众和企业等多方利益群体（IPCC，2014）。

除了工程措施等硬技术之外，管理、服务等软技术在气候变化适应方面也发挥着重要作用（Ebi and Burton，2008；Edwards et al.，2011；Huang et al.，2011）。例如，在公共健康领域，提供必要的服务是适应气候变化引发疾病传播和暴发的必要措施，在疟疾流行地区可以通过增加蚊帐使用、喷洒杀虫剂等措施预防疾病暴发（Garg et al.，2009）。在城市区域，可以通过加强排水系统维护预防城市内涝，通过增加供水水源的多样性应对水源供给变化（Kiparsky et al.，2012），通过维持一定规模的公共空间应对突发灾害（Hamin and Gurran，2009），等等。

2.4 国际适应气候变化科技发展的制度建设

制度建设对于保障适应气候变化科技行动的有效实施具有重要意义，法制建设、体制建设和机制建设是国际适应气候变化科技发展制度建设的重要内容。

2.4.1 适应气候变化科技发展的法制建设

20 世纪 70 年以来，发达国家开始通过立法的形式在国家层面加强应对气候变化科技研发工作的顶层设计。1978 年，美国通过了《国家气候计划法》，要求制定国家气候计划，帮助美国和全世界理解和应对自然和人为的气候过程及其影响。该计划主要包括评价气候对自然环境、农业生产、能源供需、土地和水资源、交通、人类健康和国家安全的影响，通过基础和应用研究提升对自然和人为气候过程以及气候变化的社会、经济和政治影响的认识，改进气候预测方法，促进气候研究、观测分析和数据发布的国际合作，建立包含大学、私营部门等机构参与的跨部门气候相关研究和服务的机制等内容。1987 年，美国的《全球气候保护法》要求美国政策应增加全世界对温室效应及其环境和健康影响的认识，促进有关温室效应科学研究的国际合作，识别降低人类对全球气候不利影响的技术和行为，以及建立多边协议。1990 年，美国颁布了《全球变化研究法》和《全球变化研究国际合作法》。前者要求建立全面、综合的"全球变化研究计划"，帮助美国和全球理解、评价、预测和应对人为活动引起的以及自然发生的全球变化过程，后者要求国务卿与相关部门一起与其他国家磋商制定协调全球变化研究活动的国际协议以及推动低环境影响能源技术研发的国际合作协议。1992 年，美国《能源政策法》要求建立"全球气候变化响应基金"，作为美国援助全球减缓和适应气候变化行动的机制，为适应气候变化科研提供资金支持。2009 年，美国通过立法要求建立"气候变化适应计划"，评价全球气候变化对水资源量的影响及其引发的风险，在流域和含水层系统尺度制定用户和环境的应对战略，同时要求在政府部门内部建立一个气候变化和水的专门委员会，评估关于气候变化对水资源量和质影响的现有科学认识，制定战略提高观测和数据获取能力、增加模型和预测系统的可靠性和精度以及加深气候变化对水生态系统影响的认识。

近些年，一些发展中国家也开始针对气候变化立法。例如，墨西哥于 2012 年发布了《气候变化法》，对联邦和地方政府职责、科技支撑、减缓和适应政策、应对气候变化国际体系及其工作机制、政策评估、信息公开与共享、社会参与等做了全面规定，同时以临时条款的形式规定了减缓和适应气候变化的近期行动目标。气候变化相关的科技研发活动通常具有长期性，因此通过立法形式规范此类科技研发活动，有利于保障研发方向的前瞻性、研发任务的延续性和研发投入的稳定性。

2.4.2 适应气候变化科技发展的机制建设

适应气候变化以及与气候变化相关的科技研发均带有较强的社会公共事业特点，各国政府作为公共产品和服务的主要提供方，在适应气候变化行动中担负着重要的领导职能，必须加强政府部门以及相关政策之间的协调。例如，欧盟联合各成员国确定适应气候变化的知识空缺，将结果反馈至"地平线 2020"计划，为未来的气候变化适应科技研发提供参考，支持相关基础研究以及现有方法和技术的集成、推广及应用研究等。同时，欧盟还将适应气候变化工作与共同农业政策（Common Agricultural Policy）、凝聚政策（Cohesion Policy）、共同渔业政策（Common Fisheries Policy）联动，各成员国可使用相关资金开展适应工作，弥补知识空白，包括进行必要的气候变化分析、研发气候变化风险评估技术等。

用于气候变化适应及其相关科技研发的公共预算必须得到公众的广泛认可和支持，同时适应行动又与公众生活密切关联，因此提高公众的适应意识和科学素养是开展广泛、深入适应行动的基础，有利于适应技术的推广应用。美国《国家全球变化研究规划 2012 ~ 2021》把促进交流和教育也列为美国全球变化研究的战略目标之一，旨在推广公众对全球变化的理解，为未来储备科技人才。根据该规划，美国在未来十年里将通过及时发布与全球变化相关的、可信的信息提高公众的科学认识水平，同时通过参与和对话更好地理解公众对科学和信息的需求，以保证不同层次的决策者均有能力利用这些信息开展决策。法国2006 年发布的《国家适应气候变化战略》把提高公众意识和加强教育培训作为其 9 个战略方向之一，而德国 2011 年出台的《适应气候变化战略的行动规划》确定的 4 项核心任务之一就是扩大知识基础、促进信息共享和交流，采取气候变化适应利益相关者对话等形式增进公众的认识。

气候变化是全球性问题，需要国际社会的共同努力。发达国家在各自的气候变化适应政策中特别突出援助发展中国家增强气候变化适应能力，从而在全球气候变化适应行动和技术援助中发挥榜样和引领作用。美国 2010 ~ 2012 财年通过国务院、财政部和国际开发署（United States Agency for International Development，USAID）三个核心部门以国会拨款援助、发展融资和出口信贷等方式累计向发展中国家提供了 75 亿美元"快速启动资金"的气候援助（U. S. Department of State，2013）。在适应气候变化方面，USAID 主要是帮助发展中国家获取和使用气候变化的数据和相关工具，并建立适应战略来抵御气候变化及其风险，具体措施包括：提供早期预警系统及其他设备、帮助改善水资源管理、农业、卫生以及灾后重建等（USAID，2014）。日本在《建设气候变化适应型新社会的技术开发方向》中指出，需要通过发达国家合作以及发达国家向发展中国家提供援助，共享适应气候变化的科学技术和制度改革经验，提升整个国际社会应对气候变化的能力。日本官方气候援助的主要机构（JICA）在执行援助时，除了进行无偿援助和优惠贷款援助，也采取了技术援助手段，为发展中国家提供日本先进技术和经验（JICA，2010）。

2.4.3 适应气候变化科技发展的体制建设

在制定和实施与气候变化适应相关的法律、战略和规划的过程中，世界各国通常设立国家层次的专门机构，协调和统筹与气候变化适应相关的现有部门工作，包括科技研发工作。2009 年，美国组建了包含了 20 多个联邦部门代表的跨部门气候变化适应工作组，其主要职能是帮助联邦政府认识和适应气候变化。为了指导联邦部门按照 13514 号总统行政命令的要求评估气候变化风险和脆弱性，2011 年该工作组发布了《联邦部门制定适应气候变化规划的实施指南》。2013 年，"美国为气候变化影响做准备"的总统行政命令宣布该工作组被新的跨部门的气候准备度和抗御力委员会替代，该委员会的职责是制定、建议和协调联邦政府应对气候变化的优先行动并监测其实施，支持区域、州、地方和部落评价气候变化脆弱性并增强应对能力，促进气候科学与政府部门和企业的政策和规划相融合等。欧盟委员会建立了 Climate-ADAPT 适应信息平台，为成员国、区域、地方以及跨区域组织提供必要的咨询建议和技术支撑，平台公开欧盟及成员国适应气候变化的政策战略和最新举措，并分享当前和未来应对气候变化的研发活动和创新成果等信息（曾静静和曲建升，2013）。

气候变化适应科技研发的推进既需要各级政府及其部门之间的协调与合作，还需要广泛动员各种社会力量，形成政府与社会各部门之间的协作和互动体制。2013 年，"美国为气候变化影响做准备"的总统行政命令宣布组建气候准备度和抗御力委员会，该委员在联邦政府机构之间跨部门工作，并与地方政府、科研机构、私营部门和非营利机构开展合作，通过联邦政府提供的气候变化相关信息、数据和工具，把气候科学融合到政府部门和私营部门的政策和规划中去。德国在制定《适应气候变化战略的行动规划》时，组建了由联邦环境、自然保护和核安全部牵头的气候变化适应战略部际工作组，该工作组除了整合和协调不同联邦部门的行动之外，还组织政府部门与来自科学界、企业界、社会及公共服务等领域行动主体的广泛对话，鼓励各方参与。墨西哥的《气候变化法》规定，气候变化部际协调委员会负责召集社会组织和私营部门针对气候变化减缓和适应包括相关研发计划的主题设计表达看法和建议。

此外，一些发达国家已经针对气候变化适应科技政策的实施过程建立了较为完善监控、评估和报告体制，及时掌握政策实施的进展和效果，为政策调整或新政策制定提供借鉴。美国的《全球变化研究法》规定，"全球变化研究计划"通过每三年修订一次的《国家全球变化研究规划》实施，并且至少每四年向总统和国会提交科学评价，集成、评价和阐述该计划的研究发现及其不确定性，分析气候变化对自然环境、农业、能源生产和利用、土地和水资源、交通、人类健康和福利、社会系统、生物多样性的影响。欧盟在 2013 年通过的监测报告机制，要求成员国每四年对国家适应气候变化的计划和战略、主要目标、已实施或计划实行的技术措施进行报告，报告结果将提供给欧盟适应气候变化信息平台 Climate-ADAPT，供决策者参考（European Environment Agency，2013）。

2.5 国际适应气候变化科技发展对中国的启示

科技发展是适应气候变化行动的重要支撑。认识气候变化的事实、成因、影响和风险以及采取有效的适应措施都需要以科学研究和技术创新为基础，因此世界主要国家的气候变化适应战略和规划都把科技研发作为核心任务之一，将其置于十分重要的位置，并且这些行动纲领文件也同时对气候变化科技研发重点方向做出部署。中国 2013 年发布的《国家适应气候变化战略》把科技研发作为适应行动的一项保障措施，科技研发的地位与其他国家相比略显不足。因此，在中国未来气候变化适应行动中需要进一步重视科技研发的基础性、先导性和全局性作用。

适应科学机理研究进展是支撑适应行动实施的核心驱动力。国际社会关于适应的研究逐渐由"为什么要适应"的科学问题探讨，逐渐转向"怎样适应"的科学机理探讨，在"怎样实施适应"上也开展了大量的尝试，对中国今后适应科技发展具有借鉴意义。而这其中最具借鉴意义的是，国际社会对适应科学机理认识的不断深入，对全球范围的适应行动开展提供了有效的科技支撑，增加了适应的针对性，避免了适应行动的盲目性。

适应气候变化科技具有广阔发展前景。虽然一些国际大型科学计划以及发达国家的科技研发计划已经针对气候变化的影响、脆弱性和适应开展了研究，但即使是对于发达国家而言，这些有限的研究成果与适应气候变化的巨大需求之间还存在很大差距。人类对自然系统及其过程和机理认识的不完备性，全球社会经济和气候治理发展的不可预知性，气候变化研究方法和工具的不确定性，不同人群、区域和部门受气候变化影响的特异性及其脆弱性和适应能力的差异性，都决定了气候变化适应科学研究和技术开发的复杂性。因此，适应研究在未来一段时期内将仍是气候变化科技研发的重要甚至是主要内容，气候变化预估、风险评估、适应等技术仍是研发重点，农业、水资源、人体健康、生态系统、社会经济系统等仍是重点领域，中国应加强部署。

充分发挥适应气候变化科技创新的引领作用。适应气候变化的科技研发涵盖适应行动的全过程，涉及气候变化预测预估、气候变化影响和风险评估、气候变化适应以及气候变化适应效果评估等关键技术，也跨越了基础研究、技术研发、应用示范和产业化的科技创新全链条。推动适应气候变化科技发展无论是对科技发展本身还是社会经济发展都具有全方位的带动作用。因此，中国应加强适应气候变化科技发展，带动全链条的科技创新，并通过科技创新提高气候变化适应能力，推动社会经济发展的绿色转型。

适应气候变化科技发展需要良好的制度保障。国际经验证明，完善的法律体系、健全的政府机构设置和管理体制以及协调的国际合作机制，是适应气候变化科技发展的重要保障。因此，中国应尽快形成促进适应气候变化科技长期、稳定发展的政策和机制，加强科技研发中政府部门之间的协同以及相关政策之间的衔接，建立政府部门、科研机构、行业企业、非政府组织、公众等在科技创新中互动机制。此外，中国可以在向发达国家寻求先进技术转移的同时，利用南南合作机制，向其他发展中国家提供力所能及的技术援助，逐步提升中国在全球气候治理中的影响力。

第3章 中国适应气候变化科技进展与发展趋势

3.1 中国适应气候变化的科技进展

自签署《联合国气候变化框架公约》以来的 20 多年，中国适应气候变化科技取得了许多进展，逐步制定和完善了相关政策，设置和实施了一大批适应气候变化科技项目，在若干重点领域取得了丰硕成果，取得显著适应效果。

3.1.1 适应气候变化政策的制定

中国政府高度重视适应气候变化工作，积极履行与发展程度相应的国际责任和义务，展现了负责任大国的良好形象，重视发挥科技对应对气候变化的支撑作用，特别是对决策的重要支撑作用，出台了一系列重大政策、行动和措施。

3.1.1.1 国家层面的适应气候变化政策体系

根据《第三次气候变化国家评估报告》评估结果（《第三次气候变化国家评估报告》编写委员会，2015），自 2007 年国务院发布《中国应对气候变化国家方案》以来，政府各部门相继发布和实施了一批适应气候变化相关政策与法规。根据 2008 ～ 2012 年中国发布的《中国应对气候变化的政策与行动》白皮书、中国第二次国家信息通报以及公布的政府文件，确认政府部门共发布适应气候变化相关政策与法规 117 项，为中国适应气候变化工作提供了重要基础，初步形成自上而下，由综合部门扩展到专业部门的适应气候变化政策体系。顶端为《中国应对气候变化国家方案》，以下为按照不同部门分工发布的一系列适应气候变化政策，并将适应气候变化纳入经济社会和生态文明建设的主流工作。

在国家层面，国务院及下属的林业、海洋、水利、气象、农业、卫生、民政、科技、发改委、国土、环保、交通和住建等 13 个部门发布的一系列适应气候变化政策。其中以气候变化密切相关部门制定适应的政策较多；从适应政策种类看多以规划为主（图 3.1）。

专门的适应政策构成了中国适应气候变化工作的政策核心。从 2007 年以来，中国政府针对气候变化工作制定并发布了 8 项适应气候变化专项政策（表 3.1），从应对气候变化的角度，全面协调部署国务院及组成部门的业务工作。

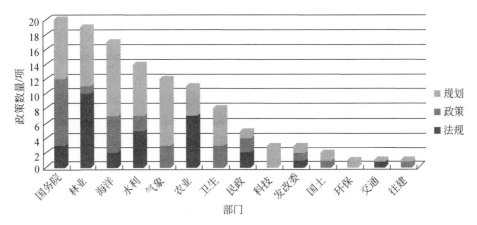

图 3.1　中国适应气候变化政策分布图

表 3.1　专门的适应气候变化政策

序号	发布部门	名称	时间	适应内容
1	国务院	应对气候变化国家方案	2007 年	明确了 2010 年前中国应对气候变化的目标、原则、重点领域和政策措施
2	国家发展和改革委员会	国家适应气候变化战略	2013 年	制定适应气候变化总体战略
3	国家发展和改革委员会	应对气候变化领域对外合作管理暂行办法	2010 年	加强应对气候变化领域对外合作管理
4	科技部	中国应对气候变化科技专项行动	2007 年	落实"应对气候变化国家方案",加强科技应对气候变化工作
5	科技部	"十二五"国家应对气候变化科技发展专项规划	2012 年	加强和部署"十二五"国家应对气候变化科技工作
6	国家林业局	林业应对气候变化"十二五"行动要点	2011 年	部署"十二五"林业应对气候变化工作
7	中国气象局	中国气象局贯彻落实中国应对气候变化国家方案的行动计划	2011 年	落实"应对气候变化国家方案",对各级气象部门应对气候变化工作进行了具体部署和安排
8	国家海洋局	海洋领域应对气候变化工作方案(2009—2015)	2009 年	指导海洋领域应对气候变化工作方案

3.1.1.2　地方层面的适应气候变化政策体系

在地方层面,《中国应对气候变化国家方案》要求地方各级人民政府"抓紧制定本地区应对气候变化的方案,并认真组织实施。"2009 年,中国大陆 31 个省、自治区、直辖市均编制完成了省级应对气候变化方案，总体上因地制宜，反映各地自然、社会、经济等不同特征，体现适应气候变化的不同需求。首先，从各地应对气候变化政策的制定原则来看，中国绝大多数省份均提出坚持减缓与适应并重的原则，只有极少省份的表述略有差异。例如，甘肃省考虑到其属于生态脆弱区，适应气候变化更为重要和紧迫，因此在其应对气候变化方案中提出"坚持适应优先，注重减缓的原则"。其次，由于受到气候变化的影响以及现有适应能力的差异，各地适应气候变化的政策目标和重点领域也各有侧重。几乎所有省份都把农业、林业和其他自然生态系统、水资源作为主要的气候脆弱领域，其中农业通常被列为适应的重点关注部门（图 3.2）。绝大部分省份都对这三个领域的适应工作提出了目标，并且多数省份提出的目标中包括了量化指标（彭斯震等，2015）。

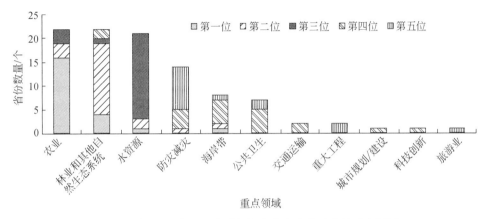

图 3.2　全国 22 个地区应对气候变化方案中适应的重点领域

3.1.2　适应气候变化的科技项目部署

3.1.2.1　1990～2010 年的适应气候变化科技立项

中国自"八五"开始，在国家科技计划中立项开展气候变化的影响评估与适应研究。"八五"科技攻关课题"全球气候变化对农业、林业、水资源和沿海海平面影响和适应对策研究"，应用全球气候模式生成的 CO_2 浓度倍增情景，评估气候变化的影响，开展适应对策研究，获国家"八五"科技攻关重大成果奖和国家科技进步二等奖。"九五"期间立项的科技攻关课题"气候变化研究的模型与支持系统的建立与应用"，应用 IPCC 数据分发中心的 IS92 气候情景数据，开展各种温室气体排放假设下气候变化对农牧渔业、水文和水资源、林业、沿海地区和海平面上升等的影响研究，并开发出评价决策支持系统。"十五"期间立项攻关课题"气候变化对主要脆弱领域的影响阈值及综合评估"，在区域气候模式对中国和世界其它地区未来气候变化情景集成预测结果的基础上，建立起具有国际可比性的中国主要脆弱领域影响阈值的评价方法，分析了气候变化对中国主要脆弱领域影响的危险水平的阈值，并进行综合评估。基于课题研究成果并综合国内外最新进展，组织撰写了第一次《气候变化国家评估报告》，为中国参加气候公约国际谈判和国家应对气候变化的决策提供了科学技术支持。

从"十一五"科技计划开始，中国加大了对气候变化影响评估与适应对策研究的经费支持力度，在国家科技支撑计划项目中立项的重大项目"全球环境变化应对技术研究与示范"，其中包含的"气候变化影响与适应的关键技术研究"和"典型脆弱区域气候变化适应技术示范"两个课题开展了适应气候变化研究。两个课题研究紧密配合，应用改进了的区域气候模式驱动的影响模型，定量评估了高、中排放情景（SRES 情景）下，2020、2050 年农业、林业、草地畜牧业、水资源、人体媒传疾病、海岸带、关键脆弱区及重点省区适应未来气候变化影响的技术、对策、效果和作用；提出中国适应气候变化的国家战略和技术体系；选择典型脆弱地区进行适应技术措施示范，提出把适应气候变化纳入各级中长期规划的行动技术方案；通过对典型脆弱区域示范完成对气候变化适应技术和政策的实证；研究了中国适应气候变化的国家战略（科学技术部社会发展科技司，2013）。基于这两个课题研究的成果和国内外的最新进展，科技部组织撰写了《适应气候变化国家战略研究》报告，万钢部长为该书作序，并于 2011 年分别以中英文出版，为国家制定气候变化适应战略提供了有力的科技支撑（科学技术部社会发展科技司等，2013）。

3.1.2.2 "十二五"期间的适应气候变化科技立项

2009 年 8 月 12 日，国务院常务会议决定制定《"十二五"国家应对气候变化科技发展专项规划》（以下简称《专项规划》），由科技部万钢部长担任编制工作领导小组的组长。2012 年初科技部联合外交部、国家发改委等 16 个部门正式发布了该项规划，作为指导中国"十二五"期间应对气候变化科技工作的纲领性文件。各部门根据规划确定的重点方向和任务，开展了"十二五"期间的应对气候变化科技工作。

在《专项规划》中，适应气候变化是应对气候变化的一个重要方面，并提出适应研究的重点方向是围绕水资源、农业、林业、海洋、人体健康、生态系统、重大工程、防灾减灾等重点领域，着力提升气候变化影响的机理与评估方法研究水平，增强适应理论与技术研发能力，开展典型脆弱区域和领域适应示范，积极推进应对气候变化与区域可持续发展综合示范。《专项规划》在重点任务中提出，选择一批跨部门、跨领域、可操作性强、应用前景广阔的适应气候变化技术进行重点支持、集中攻关并示范，并特别提出重点发展以下十项关键适应技术：极端天气气候事件预测预警技术；干旱地区水资源开发与高效利用、合理配置与优化调度技术；植物抗旱耐高温品种选育与病虫害防治技术；典型气候敏感生态系统的保护与修复技术；气候变化的影响与风险评估技术；人体健康综合适应技术；典型海岸带综合适应技术；应对极端天气气候事件的城市生命线工程安全保障技术；重点行业适应气候变化的标准与规范修订；人工影响天气技术研发。

根据《专项规划》提出的重点任务，国家科技支撑计划针对应对气候变化的关键技术需求组织实施了一系列技术研发与示范项目，形成"十二五"国家科技支撑计划应对气候变化科技项目群，其中包括 5 个影响评估与适应气候变化的项目："重点领域气候变化影响与风险评估技术研发与应用"、"沿海地区适应气候变化技术开发与应用"、"天山山区人工增雨雪关键技术研发与应用"、"北方重点地区适应气候变化技术开发与应用"及"干旱、半干旱区域旱情监测与水资源调配技术开发与应用"。

截至 2013 年 12 月，"十二五"以来各部门应对气候变化立项项目科研经费累计 138.59 亿元，其中科技部经费投入占一半多。适应技术领域的科技经费投入为 10.78 亿元，分布的重点研究领域如表 3.2 所示。从表 3.2 可以看出，适应气候变化的重点研究领域已从"八五"（1991~1995 年）立项开始集中于自然生态系统的适应研究逐渐扩展到人类社会经济系统。

表3.2 "十二五"适应技术领域各行业投入情况

部门/领域	农业、林业和其他土地利用	气象与气候公用技术	水资源	生态与环境	城市、建筑与人居	海洋与海岸带	重大工程与区域适应关键技术集成示范	交通	合计
经费投入（亿元）	3.33	3.18	2.16	0.94	0.83	0.66	0.06	0.03	10.78
占总经费比例（%）	30.9	29.5	20.0	8.7	7.7	8.5	0.56	0.27	100

3.2 中国适应气候变化的主要科技成果

3.2.1 在气候变化国际和国内评估中发挥重要作用

在 IPCC（2004）《第五次评估报告》中，包括适应气候变化领域在内，中国作者及中国文献被引用率大幅增加。尤其是中国作者在 IPCC AR5 第一工作组自然科学基础部分作出重要贡献，参与撰写的中国作者占作者总数 7%，论文引用 415 篇，占总引文数的 3.9%，比第四次评估提高约一倍，其中，科技部资助研究论文 88 篇次，为国内最多的资助方。中国自主研发的 5 个气候模式被纳入报告，是发展中国家唯一有模式开发能力的国家。上述成果也为气候变化影响与适应对策的研究提供了科学基础。

2007 年和 2011 年，科技部、中国气象局和中国科学院联合发布第一次《气候变化国家评估报告》和《第二次气候变化国家评估报告》，这两次气候变化国家评估报告的编制与发布，为依靠科技创新应对气候变化提供了依据，对中国社会凝聚应对气候变化共识，支撑中国政府出台各种措施，起到了重要的积极推动作用，并产生了积极的国际影响。2012 年，科学技术部联合中国气象局、中国科学院、中国工程院等 16 个部门共同组织专家启动了《第三次气候变化国家评估报告》编制工作。经过三年多的努力，2015 年 11 月，在京发布了《第三次气候变化国家评估报告》。报告对"气候变化的事实、归因和未来趋势"、"气候变化的影响与适应"、"减缓气候变化"、"气候变化的经济社会影响评估"、"政策、行动及国际合作"等五个方面的最新进展和评估结论进行了提炼和总结。同时形成了《中国二氧化碳利用技术评估报告》、《气候变化对我国重大工程的影响与对策研究》、《气候变化国家评估报告科普版》、方法数据集、企业案例集等一系列研究产出。本次评估报告得出了一系列重要的评估结论，对于我国应对气候变化决策和"十三五"及中长期发展规划的制定具有重要的参考意义。随着气候变化研究的不断深入，评估的内容在深度上、广度上都有很大的进展，尤其是"十二五"科技计划资助的适应气候变化研究项目的成果，大大丰富了第三次气候变化国家评估报告的内容，其中"适应气候变化政策与行动评估"和"适应气候变化技术"章节，这些研究在以往的评估报告中是没有的。

3.2.2　为国家宏观决策提供强有力科技支撑

科学技术部社会发展科技司和中国 21 世纪议程管理中心组织编写了《适应气候变化国家战略研究》，已由科学出版社在 2011 年分别以中英文出版（科技部社会发展科技司和中国 21 世纪议程管理中心，2011）。研究报告回顾了中国适应气候变化的现状，分析了适应气候变化的需求，阐述了适应气候变化的指导思想、原则和目标，论述了主要领域和各大区域适应气候变化的重点任务和行动方案，提出了国家适应气候变化的综合任务、行动方案、能力建设与保障措施。万钢部长在序言中指出："《适应气候变化国家战略研究》致力于评估中国适应气候变化的现状和需求，探讨中国适应气候变化战略的指导思想、原则和目标，并尝试提出适应气候变化的重点任务措施。报告的形成凝聚了气候变化领域众多专家学者的智慧和心血，具有较强的参考意义，希望能对各地、各有关部门和单位应对气候变化的实践起到积极促进作用。"该研究报告为《国家适应气候变化战略》的编制提供了核心基础与基本框架。

在以往出版的国家评估报告、政策文件中，多以农业、水资源等作为优先领域；《国家适应气候变化战略研究》中，专门设置"城市发展"一节，梳理了城市适应面临的重大问题、重点任务，提出了城市适应的行动方案。而后中国学者更基于"边缘适应"概念，进一步认识到城市是各类自然和人工生态系统的交接点，是应该优先适应的地区（许吟隆等，2013）。基于这样的科学认识，《国家适应气候变化战略》将基础设施（重点强调城市基础设施）作为第一优先领域，这是适应理论研究有力地支撑国家适应决策的一个典型。

3.2.3　适应气候变化的机理与方法学研究取得进展

气候变化影响评估的领域范围不断扩大，从最初的农业、水资源、海岸带、森林和自然生态系统、重大工程、人体健康和环境的影响评估，逐渐扩展至陆地水文水资源、生物多样性、冰冻圈、近海、能源、工业、交通、人居等领域/部门，并且基于影响评估深入地开展脆弱性与风险评估，为适应决策提供强有力的科技支撑（《气候变化国家评估报告》编写委员会，2007；《第二次气候变化国家评估报告》编写委员会，2011；《第三次气候变化国家评估报告》编写委员会，2015）。在影响评估基础上发展的适应决策框架日臻完善，量化指标逐渐成熟。

由于对适应气候变化的内涵及其与常规工作的界限模糊，适应气候变化科技研发相对滞后，目前国内外对于适应机理和方法论的研究都很薄弱，使得适应气候变化工作缺乏理论与方法的指导，带有较多的盲目性（许吟隆等，2013，2014；潘志华等，2013）。许吟隆等（2013）提出了"边缘适应"的概念，指出系统边缘对于气候变化具有特殊的脆弱性与不稳定性，作为与系统与外界进行物质、能量和信息交换的前沿，能够从外界引进有益物质、能量和信息即"负熵"，具有促进系统进化演替的机遇，关键在于能否及时调整自身结构与功能，主动适应环境改变。系统边缘适应要根据气候变化及时调整优化结构，使之具有一定的过渡性。"边缘适应"概念的提出，为适应气候变化理论上的突破找到了切入点，为适应工作的开展找到了着力的抓手，是适应领域一个重要的具有标志性意义的理论与方法学创新。"边缘适应"概念是在《适应气候变化国家战略研究》撰写过程中逐渐凝练成熟的，也是《国家适应气候变化战略》制定的理论基础之一。

以"边缘适应"作为突破口，对适应方法学进行了系统的梳理，从方法学上解决了长期困惑我们开展适应工作的气候变化"适应对策"与"影响评估"两张皮脱节的问题，从适应问题的不同层面、适应的时空尺度、适应优先事项选择、适应与减缓扶贫生态建设的协同作用、适应技术体系、适应的实施与过程监测、适应的效果评估等方面系统梳理了适应方法学，为适应研究与行动的深入开展提供了初步的方法学指南。

适应技术体系是适应方法学一个重要的方面。"十二五"国家科技支撑计划立项的项目"北方重点地区适应气候变化技术开发与应用"，以农林牧业为例，开展适应技术体系研究。关于适应技术体系构建方法，提出适应技术辨识与优选标准必须同时具有针对性和适用性。适应技术体系需按不同领域、产业和区域分别构建，针对气候变化的突出影响，优选或研发关键技术，组装集成配套技术，形成完整的技术体系。在优选现有适应技术时要十分重视来自生产与工作实践中自发适应的"草根技术"并加以提炼。对丁气候变化带来的新问题或未来情景下可能出现的重大影响，需要组织力量开展技术攻关或技术储备研究。

3.2.4 重点领域适应气候变化技术研发与示范取得成果

3.2.4.1 农业领域

从农业气候资源利用、水资源、气象灾害、病虫草害、种植结构调整、草地畜牧业、生态治理、农业相关产业、典型适应案例等方面，系统开展了中国农业领域适应气候变化的关键问题研究，提出了对中国农业适应概念和内涵，梳理出中国农业适应气候平均状态变化、极端气候事件发生的变化、气候变化所引起的生态后果和气候变化所引起的社会经济结构与布局的改变等 4 个方面适应气候变化的适应问题，通过典型案例梳理出"渐进适应"与"转型适应"两种不同的适应方式的具体技术途径，提出中国农业适应气候变化应该加强的工作和需要研究的关键问题，提出中国农业适应气候变化的技术途径、应用系统科学方法加强适应机理研究、凝练适应优先事项、加强风险决策的思路和建议（许吟隆等，2014）。

典型适应案例1：华北"两晚"技术的推广。"两晚"技术是指在冬小麦-夏玉米一年两熟种植区，改用生育期更长的玉米品种和冬性略有下降的小麦品种，适当推迟夏玉米收获期和冬小麦播种期，使夏玉米充分发挥增产潜力并提高全年总产的节水、高产、高效栽培技术。在气候变化背景下，冬季气候变暖，无霜期延长，全年积温增加，若不调整原有品种与播期将发生小麦冬前生长过旺和穗分化提前，不利于安全越冬；玉米则因温度偏高过早成熟，都有可能降低产量。在华北地区实施"两晚"技术，既能有效利用热量资源又能提高作物产量，是适应气候变化的典型成功案例。

典型适应案例2：冬麦北移。历史上冬小麦种植北界随着气候变迁和生产条件而不断变动（李祎君等，2010）。传统的种植北界大体在长城一线，气候变暖加上抗寒育种和防冻技术改进使种植北界比20世纪50年代北推100多千米，增产增收效果明显。

典型适应案例3：东北水稻和玉米扩种及品种调整。地处较高纬度的东北地区变暖更加明显，近20年来水稻和玉米大幅北扩。黑龙江省水稻种植已北扩到52°N，玉米北推约4个纬度。松嫩平原南部已经可以种植较晚熟的高产品种（赵秀兰，2010）。为防止盲目引种，农业气象工作者按照每100℃·d进行了积温带区划，为适应气候变化的农业种植结构调整提供科学依据。

典型适应案例4："十二五"立项的"北方重点地区适应气候变化技术开发与应用"项目，针对东北粮食生产中因气候变暖带来的土壤盐碱化程度加剧、黑土地土壤肥力下降与黄淮海干旱和低温冻害加剧等问题，东北粮食生产适应技术以"淡化表层"节水创建技术为核心集成了盐碱地水稻应变栽培及土壤改良培肥技术体系、以玉米抗风保水新型栽培技术为核心集成了黑土区玉米高效种植及土壤定向培育集成技术体系；黄淮海粮食生产适应技术集成包括小麦品种筛选技术、耕作栽培技术、节水灌溉技术与小麦冻害防治技术等。通过开展适应技术示范，在东北可使以苏打草甸碱土和草甸盐土为主的新开盐碱地水田在1-3年内形成"淡化表层"，其含盐量<0.3%，碱化度<33%，pH<9.3；有机质含量较传统 技术提升30%；水稻产量稳定在6500kg/hm²以上（生产上，此类水田第一年多数很难获得产量，或仅能获不足2500kg/hm²的产量）。并提高了土壤蓄水保墒能力，和土壤生物环境，土壤含水量增加20%以上，玉米增产10%以上，生产成本也明显下降。

3.2.4.2　林业领域

分析了气候变化，包括极端气候事件，森林火灾、病虫害等对中国林业和荒漠化地区植被的影响，进行气候变化对中国主要造林树种分布影响的模拟，分析气候变化引起植物光合作用、水分吸收及生产力和生态关系的改变以及植被区系和森林物种的迁移变化。开展了气候变化对生物多样性、国家重点保护野生动植物以及候鸟迁徙路线和栖息地的影响与适应研究，提出中国林业适应气候变化的政策和技术选择、成本效益与适应效果评价技术。提出林业适应气候变化的发展战略与对策，编制和完善了一系列技术规程及标准体系，推动了森林抚育经营全面开展，以减缓森林退化，提高森林质量（国家林业局经济发展研究中心气候变化与生态经济研究室，2014）。

针对气候变化导致濒危物种生境和种群灭绝、森林火灾、病虫害发生和生物入侵等风险增大，以秦岭山区和东北林区为研究区域，研发适应气候变化的森林火险预警、有害生物防控、濒危物种保护和自然保护区适应性规划与管理并进行实验示范，编制了北方地区林业关键适应技术清单。

（1）珍稀濒危物种保护：在长青自然保护区放置100台红外相机，系统收集大型兽类分布与活动信息，分析了气候变化对大熊猫、金丝猴和红豆杉等濒危植物生境和种群的影响，开展了低温胁迫下红豆杉生理和转录组的研究，为濒危植物气候适应性筛选奠定了基础，在北京建立了红豆杉近自然保护区。

（2）森林火灾风险预警：进行大兴安岭样地可燃物调查，分析主要影响因素变化规律与森林火灾发生特点，建立了自动气象站可为火险预警提供实时气象数据。

（3）森林病虫害风险预警：分别在山西沁源、灵丘和北京怀柔建立了红脂大小蠹、油松松毛的标准观察与分析实验样地。找出油松松毛虫各发育期和与上下树期相关的80个气象和物候因子并筛选出重度发生最相关的7个因子。应用熵最大原理、生态学理论和MaxEnt软件，对不同排放情景和气候模式下未来中国油松松毛虫发生趋势进行了模拟预测。

3.2.4.3　草地畜牧业领域

系统分析了气候变化对草地物候、生物多样性与生物量的影响及对牲畜的影响，分析了气候变化条件下草地畜牧业自然灾害、草地生物灾害发生危害的新特点，总结已采取的草地保护性经营适应对策和草地畜牧业饲养适应措施，具有很强的中国特色，如畜群结构调整、异地育肥模式、农牧交错带的农牧结合模式等。

"十一五"国家科技支撑计划项目"全球环境变化应对技术研究与示范"在藏北高寒草地实验区内采取了多种适应技术。

（1）藏北高寒草地喷灌适应技术。通过高寒草地喷灌示范，可缓解季节性干旱和补充所造成的生态需水短缺，防止草地退化。

（2）青藏高原高寒地区人工建植适应技术。筛选出了两种适于高寒地区人工建植的牧草—垂穗披碱草和冷地早熟禾，适于高寒地区人工建植，是退化草地修复的适宜物种。

（3）人工补水适应技术。在黄河上游扎陵湖-鄂陵区域开展了补水应用试验及示范，有效提高了土壤含水量，促进了草场恢复和持续发展。

（4）藏北高寒草地放牧管理适应技术。开展不同放牧强度的放牧试验，调查藏北草地生物量和牲畜采食量，综合估算藏北地区草地理论载畜量，为藏北适应气候变化的放牧管理和草地资源可持续利用以及草地保护、建设与管理提供了基础数据。

藏北两年高寒草地喷灌试验结果表明，试验区植被盖度由原来的46.85%提高到83.23%，产草量由原来的20kg/亩①提高到123kg/亩，提高了近5倍。高寒草地放牧管理

---

①　1亩≈667m²

适应技术不仅使草地具有较高的物种多样性指数，而且能够承载一定的载畜量，达到草地的最大合理利用，并可防止草地退化。采用人工建植适应技术，一年后杂草类比例下降，牧草比例增加，土壤 pH 略降，土壤全 N、全 P、K 及有机质含量均有所提高，有效促进了退化高寒草场的恢复。

3.2.4.4 海洋领域

以沿海典型地区、典型流域和典型城市为研究对象，研发沿海地区适应气候变化技术体系，提高适应能力为总体目标。包括：提出保障沿海地区防洪安全、水资源安全和生态安全的适应技术体系；建立台风影响下流域降雨量预测模型和平原河网区大尺度水力学模型，评估太湖流域防洪工程系统可靠性和流域经济社会发展与水灾损失，提出太湖流域洪水风险适应技术体系；提出沿海城市应对气候变化的空间规划综合技术规范，开展沿海城市适应气候变化的示范研究。

海平面上升对中国沿海地区防洪、地下水及环境，对沿海地区经济社会可持续发展产生了重要影响。为全面提升应对海平面上升与风暴潮的能力，保障水资源安全、防洪安全和生态安全，研究了海平面上升模拟和评估技术，台风、风暴潮变化趋势分析方法，对沿海防洪安全、水资源安全影响评估方法及海岸带典型退化生态系统修复关键技术并应用示范。

分析了近50年来中国海平面上升时空特征，近60年来台风频数、生成点分布、登陆情况、强热带气旋比例变化及登陆台风降水和台风风暴潮变化趋势，表明台风生成个数呈减少趋势，但强台风个数和比例均呈上升；登陆个数比例显著增加；台风生成点有北移趋势；降水量明显增加，台风暴雨灾害和强风暴潮发生强度和频率都有增加。沿岸潮位升高、极值水位重现期缩短、潮流与波浪作用增强，沿海防护、水利、港口等工程设施的设计标准偏低，功能下降。分析了海平面上升对沿海堤防水位的影响，预估未来海平面上升趋势，建立了 2′×2′ 西北太平洋天文潮潮波数学模型，预测 2050 年和 2100 年外海海平面分别上升 0.45m 和 0.90m 情景下中国近海海平面的变化，表明对堤防水位影响最大海域是北部湾、福建沿海和杭州湾海域，风暴潮最高水位增幅往往超过相应海平面上升幅度，最大变幅可达 20%。分析了对长江下游防洪水位的影响，指出沿江堤防水位在河口段存在非线性叠加现象。分析了对长江口和珠江口盐度和咸潮上溯范围的影响，评估了影响饮用水安全的风险。

研究表明未来海平面上升和湿地向陆演化，湿地面积将大幅度缩减，部分滨海湿地将消失，沿海潮滩和海岸湿地生态系统遭到破坏。构建了典型海岸带湿地生态系统脆弱性评价指标体系及评价方法，评估了生态安全现状、变化过程及未来形势，研究关键适应技术，初步建立了典型海岸带生态修复技术体系。

3.2.4.5 水资源领域

研究表明气候变化导致河川径流量减少，水资源时空分布不均，洪涝灾害频发；海平面上升、风暴潮强度增大；区域干旱频发，缺水问题突出；冰川退缩，湖泊、湿地面积减小、海水入侵加剧,加重水生态环境恶化;极端气温和长期干旱发生频率增加、强度增大,影响水利工程自身安全。

针对气候变化给中国水资源带来的风险研发修订水利工程技术标准,支持水利基础设施的适应能力建设。对现有和新增水库库容、供水能力进行调整,新建和加固堤防17 080 km,完成6240座大中型及重点小型病险水库的除险加固。采用新适应标准和新型技术加强农田水利基本建设,净增农田有效灌溉面积5000万亩。

开展了水资源领域适应气候变化的典型技术研发,如针对干旱、半干旱区域气候变化对水资源影响的重大问题,以新疆水资源安全和黄河流域水资源调配为切入点,开展大型灌区旱情实时监测、大型水库群优化调度、洪旱监测与衍生灾害预警、山区水库与平原水库调节与反调节、水库无效蒸发消减等关键技术集成与示范;建立黄河流域大型灌区实时旱情分析系统、黄河流域适应气候变化的水资源调配系统、新疆冰雪径流监测与衍生灾害预警系统等;提出干旱半干旱区域抗旱水源调度、洪旱灾害监测与预警等综合适应技术体系,提高干旱半干旱地区适应气候变化的水资源调配能力。

构建了太湖流域洪水风险情景分析系统,能对气候变化、海平面上升与快速城镇化背景下流域洪水风险演变情景进行量化分析。对现行治水方略的长远有效性进行了分析评价,从健全防洪体系、增强对气候变化的适应与承受能力等方面提出了治水方略调整对策建议。

针对干旱、半干旱区域气候变化对水资源利用的影响,以新疆水资源安全和黄河流域水资源调配为切入点开展大型灌区旱情实时监测、大型水库群优化调度、洪旱监测与衍生灾害预警、山区水库-平原水库调节与反调节、水库无效蒸发消减等关键技术集成与示范;建立了黄河流域大型灌区实时旱情分析系统、黄河流域适应气候变化的水资源调配系统、新疆冰雪径流监测与衍生灾害预警系统等;提出干旱半干旱区域抗旱水源调度、洪旱灾害监测与预警等综合适应技术体系。

3.2.4.6 城市发展领域

开展了高温热浪、热岛效应(王守富等,2013)、城市节水等方面的适应气候变化科技工作,还针对沿海城市的适应问题开展了相关工作。

为应对高温热浪威胁,保护人群健康,成功开展了一些列防御措施,包括高温预报预警、高温中暑病例网络直报、职业人群保护、夏季人工降雨降温等。建立了"热浪与健康系统",对高温造成的健康影响进行有效的预测预警。启动"高温天中暑病例当日直报"系统。针对户外作业人群,实施了夏季施工管理。率先提出了夏季实施人工降雨已达到降低城市温度的举措,温度下降幅度在5~6℃,电力负荷也持续下降,降温节电的效果十分明显。

中国是世界上人均淡水资源缺乏的国家之一,北方地区的气候暖干化和沿海地区海平面上升都加剧了城市缺水。从城市供水、城市用水、城市污水处理及中水利用等各个环节入手,综合运用法律、行政、经济、科技等多种手段,挖掘城市节水潜力(韩振岭,2010,刘葆等,2011;卢博林,2010)。

开展了沿海城市规划设计中的气候质量评价方法、沿海城市气候质量观测试验方法和技术、沿海城市应对气候变化的空间规划技术导则等研究。通过对案例城市厦门的研究，提出通过提高建成区绿地率、工业用地率、城市非农产值密度、紧凑度指数、土地利用混合熵指数等指标改善城市气候的措施，模拟分析海平面上升与风暴潮的风险与损失，制定了城市适应海平面上升和风暴潮影响的策略。

3.2.4.7 基础设施与重大工程领域

1）青藏铁路适应气候变化工程技术研发

气候变暖加速青藏高原冻土融化，给铁路施工带来困难。科技人员提出"主动降温，冷却地基，保护冻土"的设计思想，制定了路基、桥涵、隧道成套工程技术措施和先进施工工艺，确保多年冻土工程质量和青藏铁路的安全运行，使工程寿命大大延长（孙永福，2005）。

2）咸潮应对工程技术

气候变化导致海平面上升和枯水季节上游来水减少，咸潮上溯严重威胁饮水安全，上海市依托长兴岛修建了青草沙江心水库，无咸潮时闸门打开接纳江水，来咸潮时关闭，堤内最大蓄水 5.27 亿 m^3，可供全市使用 68 天（陆忠民等，2013）。广州市应对咸潮的主要措施是在珠江上游山区修建水库，发生咸潮上溯时开闸放水以淡压咸。

3.2.4.8 人体健康领域

基于气候变化对人体健康影响的研究与评估，卫生部门出台了各类自然灾害的应急救治预案，基本建立了快速响应和防控框架。

针对气候变暖加剧血吸虫病传播的问题，加强疫情监测、防止钉螺扩散及控制传染源。在湖北江陵县同兰村、江岭村和洗马村，通过淘汰耕牛，发展三格式厕所和沼气池建设等控制染传染源策略和措施，极大地控制了血吸虫病传播强度，其试点结果初步显示，适应措施控制了疫情上升的态势。

随着气候变暖，媒传疾病发生提前并向更高纬度与海拔蔓延。过去主要在热带发生的登革热近来在广东和台湾爆发流行，严重威胁居民健康（孟凤霞等，2015）。2015 年春，广东中山大学—密歇根州立大学热带病虫媒控制联合研究中心的科技人员向环境释放了携带沃尔巴克氏体的 50 万头雄蚊，雌蚊与其交配后所产的卵将不能发育，可使蚊子种群数量降低至不足以引起登革热流行（于杨，2014）。

3.3 中国适应气候变化科技发展趋势分析

中国在适应气候变化方面所取得的科技成就是巨大的，有效地支撑了国际谈判、国内的适应决策和各部门（领域）/地方适应工作的开展，促进适应气候变化的公众意识大为提高。但我们也应该看到，在国际新形势下，尤其是在巴黎协定达成的减排框架和2℃增温上限目标的新形势下，面对国内生态文明建设、五位一体及经济发展新常态的需求，需要对适应科技发展做出新的战略部署。综合各方面因素，目前中国适应科技发展呈现如下趋势。

1）从自然系统适应为主扩展到包括社会经济领域的全面适应

从历次 IPCC 评估报告看，气候变化影响和适应研究最初以自然系统为主，但后几次报告中，有关人类系统气候变化影响与适应对策的内容大幅度增加，在《第五次评估报告》中已超过自然系统的篇幅，内容包括城市规划与管理、乡村建设、人类安全、粮食安全、人体健康、生计与贫困等，对产业部门的影响从农林牧渔业扩展到交通运输、矿业、建筑业、能源、电信、制造业、娱乐、旅游、金融、保险等。由于气候变化对中国经济、社会发展与人民生活的影响日益凸显，加强人类系统气候变化影响与适应对策的研究势在必行。

2）从适应已有影响为主扩展到适应未来气候变化

现有的适应技术绝大多数是针对已经发生的气候变化，虽然在近期的将来仍然具有巨大的应用价值，但由于气候变化的速率在加快，影响日益凸显，有些适应技术可能已经过时，需要修改甚至重新鉴别。有些气候变化影响的新问题目前还缺乏适用的技术。至于产业结构调整升级、新品种培育、新材料研发等都具有较长的周期。因此，在重点研发针对已有和近期气候变化影响的适应技术的同时，也需要有相当一部分科技资源用于针对中长期气候变化影响的适应技术研发。巴黎气候大会已确定本世纪末温升控制在 2℃ 以内的目标，重点领域和敏感产业应对这一目标的适应技术研发应尽早提上日程。

3）从单项适应技术研发到分领域、产业、区域三维适应技术体系构建

现有适应技术研究大多针对气候变化对某种受体的特定影响，构建适应技术体系的研究只在农业和其他个别部门刚刚起步。未来随着适应研究与技术研发的全面开展，构建分区域、分领域、分产业的三维适应技术体系是必然趋势。在构建适应技术体系的基础上，筛选比较成熟和可行的适应技术，编制分领域和分产业的适应技术清单，并在若干重点领域和产业实现适应技术的标准化。各地各行业的现有适应技术大多是自发采用的"草根"技术，具有一定的盲目性。充分挖掘筛选适用的"草根"适应技术，并应用现代科技提炼升华和组装配套，可以加快中国特色适应技术体系的构建进程。

4）从研究国内紧迫问题扩展到国际合作解决全球性重大适应问题

中国由于处在工业化和城市化中期发展阶段，适应气候变化科技目前的重点是针对气候变化产生的环境与民生若干紧迫问题。但由于中国经济社会发展迅速和国际地位明显提高，国际社会要求中国承担更多的全球气候治理义务。中国在气候变化基础科学领域的研究已取得长足进展，并在 IPCC 评估报告第一工作组报告编制中发挥了重要作用。中国在节能减排方面已做出巨大努力，并向国际社会做出提前达峰的承诺。在适应方面中国也应有所作为。由于国情与大多数发展中国家相近，中国适应科技的发展不但有助于促进本国经济社会的可持续发展，而且对于广大发展中国家也将具有重要的借鉴价值。随着中国适应气候变化领域的科技发展，未来应更加积极参与适应科技领域国际行动，为解决全球性和大区性气候变化重大影响问题作出应有的贡献。例如"一带一路"沿线国家的气候变化影响与适应对策研究就应尽快启动，为这一宏大战略的启动和实施提供科学依据。

5）从单纯硬技术研究扩展到全方位气候变化"适应善治"研究

适应气候变化的科技资源配置不仅需要政府发挥主导作用，还需要发挥市场机制和全社会的广泛参与。由于自然系统和社会系统大多数适应行动的非盈利性，市场机制难以发挥，需要推进"适应善治"的机制建设，建立起市场和政府组织、公共部门和私人部门之间的管理与伙伴关系，以促进社会公共利益的最大化。使企业认识到适应气候变化与长远利益的密切关系，青山绿水就是金山银山。对于经济系统，则绝大多数适应行动能产生趋利避害的经济效益，要帮助企业分析气候变化带来的主要风险和某些机遇，在适应气候变化的过程中捕捉商机，减小或规避风险。"适应善治"还需要全社会的积极广泛参与，政府应对气候变化的决策要吸收和尊重公众的意见，要充分发挥社会团体和社区组织在适应技术研发推广、适应知识宣传普及和适应行动组织协调方面不可替代的作用。为此，需要开展包括适应科学、适应技术和适应政策、经济学、管理学等软科学研究在内的"气候适应善治"研究。建立完善的"适应善治"机制。

第4章 中国适应气候变化科技发展的思路、原则与目标

4.1 中国适应气候变化科技发展的整体思路

中国的适应行动，是全球应对气候变化的一个重要组成部分，将中国适应气候变化科技发展途径与全球应对国际应对气候变化的治理体系相结合，能够占据道义制高点，争取国际气候变化制度体系构建的话语权和主导权，是中国深入参与全球治理的有效途径，表达中国打造人类命运共同体的强烈意愿，充分体现中国推动全人类共同发展的责任担当。

在2014年的《中美气候变化联合声明》和2015年的《中美元首气候变化联合声明》，以及提交给《联合国气候变化框架公约》秘书处的《强化应对气候变化行动——中国国家自主贡献》中，中国承诺2030年左右二氧化碳排放到峰值且将努力早日达峰，中国在2030年后进入后工业社会，城市化率不断提高，实现全面"小康"，在2050年经济社会发展达到中等发达国家水平；强调适应的重要性，《巴黎协定》应更加重视和突出适应问题，包括认可适应是全球长期应对气候变化的关键组成部分，既要针对不可避免的气候变化影响做好准备，又要提高适应能力。协议应鼓励缔约方在本国和国际层面提高适应能力并减少脆弱性；中国出资200亿元成立"中国气候变化南南合作基金"，提高适应气候变化的能力，支持最不发达国家、小岛屿发展中国家和非洲国家加强能力建设。

2015年在《联合国气候变化框架公约》第21次缔约方大会达成《巴黎协定》，全球将采取强有力的温室气体减排措施，共同努力在2030年温室气体排放达到峰值，本世纪内全球升温控制在2℃以内；各个国家根据自身的适应需求，制定适应规划，采取适应行动，加强适应能力建设，特别是加强"南南合作"，为发展中国家适应技术研发应用提供支持。

在国际应对气候变化体制下，中国适应气候变化科技发展的整体思路是：基于现有研究基础，大力挖掘和充分发挥现有"草根"适应技术的作用，在重大关键科学问题上取得重点突破；借鉴国外适应科技发展的经验，立足本国国情实际，切实加强"南南合作"，支持国家的"一带一路"战略布局，走出有中国特色的适应科技发展之路；针对既定温室气体排放达峰目标的实现制定相应的适应路径，发挥适应与减缓的协同效应，在适应的同时支持减缓目标的实现，保障国内国民经济的可持续发展、生态文明建设和全面建成小康社会目标的实现。

4.2　中国适应气候变化科技发展的原则

中国适应气候变化科技发展的总体原则是：科技引领、突出重点，协同发展、规划优先，增强弹性、降低风险。集中优化科技资源，加强体制机制创新，促进适应科技跨越发展，发挥适应科技先导引领作用，解决国计民生和生态文明建设的重大问题，保障可持续发展。具体说来有以下原则：

以国计民生和生态文明建设的重大关键问题为导向，实现适应科技重点突破的原则。适应的核心是"趋利避害"，通过适应措施调整优化受气候变化影响的各个系统的结构与功能，与变化了的气候条件相匹配，达到新的平衡状态。在适应科技创新工作中，发现国民经济发展中与变化了的气候条件不相协调的部分，甄别重大适应事项，进行重点攻关，实现适应科技的重点突破，通过适应科技创新解决国民经济发展与气候变化不协调的关键问题，降低气候变化导致的气候风险、生态风险和社会经济风险，促进生态系统和国民经济的全面可持续发展，促进绿色低碳经济发展和气候适应型社会转型。

基础理论创新与适应技术进步互相促进、同步发展的原则。在长期的生产实践中，人们已经积累了大量的"草根"适应技术，鉴别和挖掘这些"草根"适应技术，同时针对气候变化带来的新问题研发关键适应技术，通过凝练升华形成系统的适应技术体系，发展出系统的适应方法学，通过方法学创新引领适应基础理论的创新，而基础理论的创新又会促进适应技术的创新，互相促进、同步发展，不断推动适应理论的日益完善和技术的日臻成熟。

创造有利于适应科技创新的政策环境，集中优化科技资源集成创新的原则。对现有政策、法规进行梳理，调整不利于或阻碍适应科技创新的政策、法规，创造有利于适应科技创新的政策环境，通过宏观政策引导和体制机制创新激活、发挥地方、部门、行业以及各种社会团体的积极性和原创精神，集中优势资源促进适应科技集成创新、跨越发展。

发挥适应科技先导引领作用的原则。通过研究增加适应的科学认识，加强科学普及和宣传推广，提高公众意识和全面参与适应科技创新的积极性；在典型脆弱区域开展适应技术的示范，促进产业发展和升级；通过适应科技发展撬动增量资金，盘活存量资金，实现资金的优化利用，最大限度地优化资源配置，产生最佳经济效益、社会效益、生态效益。

加强国际合作，促进自主创新的原则。加强国际合作，尤其是"北南合作"，充分利用国际适应科技资源，提高自我创新能力，同时发起以我为主的国际适应科技合作项目，加强"南南合作"，在适应技术消化、吸收、再创新、转化的过程中增强我国的持久科技创新能力。

4.3　中国适应气候变化科技发展目标

中国承诺 2030 年达峰，但各地情况不同，在排放达峰时间上会有所差别，发达地区在 2030 年前率先达峰。各地社会经济状况的差异和受气候变化影响的程度决定了其脆弱性和风险的不同，考虑减轻当前的气候变化脆弱性，降低未来气候变化所导致的气候风险、生态风险、社会经济风险，适应的技术途径会有很大的差别。适应气候变化科技发展的目标，就是要结合 2030 年排放强度下降 60% ~ 65% 的要求，充分发挥适应气候变化的协同效应，尽快促使 2030 年减排目标的实现，通过适应科技创新和适应技术的实施，减小脆弱性、降低风险、加强适应能力，最大限度地优化资源配置和高效利用。我国适应气候变化科技发展，面临着以下重要任务。

保障国民经济的可持续发展。针对气候变化对我国关键脆弱部门行业的影响，通过有效的技术支撑，甄选适应气候变化的优先事项进行科学决策，开展有效的适应行动，实现我国产业结构的优化调整和升级转型，推动国民经济的气候适应型发展。

保障生态文明建设的顺利实施。针对气候变化对水资源、海岸带、陆地与海洋生态系统的影响，坚持绿色发展和循环发展，研发环境治理和资源高效利用的适应技术，调整加强环境污染的综合治理，优化国土资源开发格局，提高自然资源利用率，扭转生态系统退化趋势，控制生物多样性减少势头，推进生态文明和美丽中国建设。

保障全面建成小康社会目标的实现。针对气候变化对人体健康、生态脆弱气候贫困地区居民生计、人口迁移、消费习惯、生活方式和社会心理等的影响，调整卫生防疫和扶贫工作的部署，引导绿色消费，提倡绿色生活方式，研发改善人居环境和提高生活质量的各种产品与技术，加强对脆弱人群的重点保护，创建生态文明示范社区。

促进适应科技取得重点突破。适应气候变化任务繁重、错综复杂，给我国的科技发展带来空前挑战。在开展适应气候变化研究工作时，要针对国家重大需求，立足学科长远发展，集中解决关乎国计民生和生态治理的重大科技问题，在适应的基础理论、技术体系、重大关键技术实现重点突破，以点带面，促进适应工作全面深入地开展。

完善适应科技发展的体制机制。适应气候变化研究涉及地球系统各个子系统（圈层）间的相互作用，研究规划需要全国协调一致的宏观统筹布局，需要各个部门的大力配合，协同攻关，实现地球系统科学的集成创新。充分发挥中国科研体制的优势，集中优势资源，重点解决适应气候变化方面的重点科学问题，实现重大技术创新。具体来说：

（1）加强顶层设计，优化整体布局。制定适应科技研发规划，通过加强宏观管理和政策引导，统筹和协调我国适应气候变化研发工作形成全国一盘棋，形成研发合力，加强集成创新。

（2）加大研发投入，优化资源配置。充分调动和整合地方、部门、行业以及科研院所、高校、企业等社会科技资源，引导社会多渠道、全方位的投入适应气候变化研发，建立和完善成果转化的有效机制。

（3）加强国际合作，促进自主创新。大力加强国际合作，以发起以我为主的合作研发计划作为参与国际气候治理和制度设计的切入点和抓手，切实提升气候变化国际科技合作的层次和水平。探索建立适应技术研发和转化的国际平台，在深化"北南合作"的基础上促进自主创新，在"南南合作"过程中探索适应技术成果转化、应用、推广的新模式。

加强适应科技发展的能力建设。围绕国家重大需求，瞄准国际前沿，部署一批适应气候变化重点项目，通过项目研究培养一批中青年科研领军人才、培养能与国际接轨的创新研究团队。集中整合优势资源，建立一批学科交叉、综合集成、机制创新的国家级研发基地，推动企业与高等院校、科研院所联合建立国家重点实验室。扶持专门针对气候变化影响的适应工程建设和技术措施的开发，构建国家、部门和区域的适应气候变化技术体系。选择典型区域建立适应气候变化示范基地和重大工程，加强适应技术的推广。完善气候变化的观测网络和适应技术的推广应用网络，建立适应气候变化基础数据库，加强数据整合和资源共享平台建设。重点支持适应决策工具模型的研发，编制适应气候变化工具手册和行动指南。

4.3.1 近期目标（2020年）

"十三五"期间适应气候变化科技工作的总体目标是适应经济新常态、加强生态文明建设和全面建成小康社会的重大需求，针对全球适应气候变化的新形势和适应科技发展的前沿：①完成适应气候变化科技发展中长期规划的编制，建立比较完整的适应科技体制与发展机制，实现适应科技工作的合理布局与全面展开；②气候变化影响监测、归因、预估、风险分析评估方法等共性适应科技基础工作得到加强并形成完整体系；③现有适应技术与研究成果得到全面梳理与提炼，初步构建重点领域与行业的适应技术体系框架，重点领域与气候敏感产业的若干重大关键适应技术研发取得成功，对重点产业的气候适应型发展与转型升级的科技支撑作用日益显现；④在一些事关国计民生与生态治理重大科学问题的影响评估与适应机制研究有所突破，初步构建具有中国特色的适应气候变化理论框架；⑤在气候变化影响的典型区域创建若干适应技术综合示范区并取得显著的经济、社会与生态效益；⑥适应科技研发能力建设取得明显成效，初步建成适应气候变化科技发展基础数据库和决策支持系统，适应科技投入大幅度增加，科研条件显著改善；⑦建立结构合理、分工明确的不同层次适应研究机构与队伍，涌现出适应科技领域的国际领军人物，培养出一批国内适应科技的学术带头人，企业适应科技创新的主体地位开始形成，初步形成适应气候变化科技的全民创新氛围；⑧适应气候变化科技的国际合作广泛开展，"南南合作"的规模逐年扩大，成效显著，适应科技总体居于发展中国家领先水平，与国际先进水平的差距显著缩小。具体要达到的目标如下：

1）适应科技规划与布局

建立适合国情的适应规划方法，完成到2030年和2050年的国家适应气候变化科技发展中长期规划的编制并逐步实施。初步建立从适应基础理论与方法研究、重大适应问题攻关和预研究、不同领域和行业适应技术研发、企业和社会适应技术示范推广等比较系统的适应科技创新体制；初步建立从气候变化影响监测、风险评估、适应决策到技术研发应用推广的适应科技创新机制；初步形成国家、部门、区域、企业、社会、国际合作等不同层次、分工明确、布局与资源配置合理的适应科技创新体系。

2）适应气候变化的共性基础性科技工作

基本建成重点领域和气候敏感行业气候变化影响监测与风险评估方法体系与业务化系统；年代际气候预测系统投入运行，年际气候预测系统投入试运行；初步明确重点领域的气候变化影响归因分析方法与影响定量评估方法；初步建立重点领域与行业气候变化受体暴露度、敏感性、恢复力与脆弱性评价的指标体系；初步厘清气候变化带来的气象灾害及其次生、衍生灾害的新特点及减灾对策的适应性调整需求；构建具有中国特色的气候变化情景与社会经济情景，初步建立现实条件和未来不同情景的气候变化风险与机遇综合评价方法体系。

3）适应技术研发

基本完成重点领域与行业现有适应技术与研究成果的收集、分类梳理、评估和优选，建立适应技术档案库，初步编制分领域分行业的适应技术清单，初步构建农业、林业、水资源与水环境、陆地生态系统、海洋与海岸带、重大工程与基础设施、城市发展与运行、卫生防疫、旅游业、建筑业、交通运输业、商业贸易等重点领域与行业的适应技术体系框架，并启动其他敏感领域与行业的适应技术体系构建工作；在涉及粮食安全、水安全、生态安全、健康安全、城市安全等方面的若干重大关键适应技术研发上取得突破；气候敏感重点产业的气候适应型结构调整取得初步成效，适应技术对行业转型升级和企业发展的支撑作用日益显现；因气候变化而过时不适用的技术标准得到全面修订，工艺流程得到调整和改进，为在2030年全面完成适应气候变化的技术体系构建和技术标准修订打下坚实基础。

4）适应基础理论研究

在气候变化对我国农业发展潜力、水资源、生态系统功能发挥、敏感产业发展、生态脆弱地区资源环境格局、媒传疾病与人体健康、城市规划布局等事关国计民生与生态治理的重大科学问题的影响机理、定量评估方法和适应机制与技术途径的研究有所突破，在关于不同类型受体适应机制及其调控途径、适应优先事项辨识、不确定性辨析与适应技术的风险决策方法、边缘适应理论与方法、渐进与转型两类适应对策的适用条件与优化配置、适应技术甄选标准、适应效果评价方法、适应技术体系构建与优化方法等适应气候变化的基础理论研究取得重要突破，初步构建具有中国特色适应气候变化理论体系的框架。

5）适应技术综合示范区创建

选择我国粮食主产区、重点生态脆弱区、典型海岸带与近海海域、重点林区、草原与湿地、主要城市群等不同类型地区分别创建适应技术综合示范区；编制示范区适应气候变化规划，适应技术在主要产业得到全面推广并取得显著经济效益；普遍开展气候适应型社区创建，气候适应生活技能在居民中的普及率达到80%以上，适应气候变化知识在示范区中小学普及率达到100%；示范区的环境质量和宜居性得到明显改善；对所在地区的企业和社区的气候适应型发展起到明显的引领作用。

6）适应能力建设

提升适应科技研发能力的基础建设取得明显成效，建成国家和大区的适应气候变化信息共享平台，初步建成适应气候变化科技发展的基础数据库和决策支持系统；建成一批重点领域与行业的适应气候变化开放实验室，科研条件得到显著改善；初步形成政府统筹与主导、企业根据市场需求自主投入、社会集资与国际合作相结合的多元适应科技资金筹集机制；适应气候变化科技投入大幅度增加，占国家与地方科技投入经费的比例接近主要发达国家的水平。

7) 适应科技人才队伍与条件平台建设

在"八五"以来国家与地方适应项目凝聚科技队伍的基础上，逐步建立包括国家、部门、地方、企业与社会组织等不同层次、结构合理、分工明确的适应科技机构与人才队伍，国家适应科技团队侧重适应基础理论与方法、重大适应技术攻关和跨领域跨行业跨区域适应技术体系研究；部门适应科技团队侧重领域和行业适应技术体系构建和关键适应技术研究，并参与部分适应基础性研究；地方适应科技团队侧重地方特色气候变化影响与适应问题研究以及区域适应技术体系的构建与示范推广；企业根据气候变化带来的市场需求开展适应技术的自主研发和应用；社会组织与公众结合自身优势参与各地适应技术研发、气候适应型社区创建和适应技能研发推广；在国家和大区重点高等院校建立一批硕士点、博士点与博士后工作站等适应气候变化科技人才的培养基地，培养出一批国内适应科技的学术带头人；通过扶植一批重点企业的适应技术研发与示范，使企业适应科技创新的主体地位开始显现；制定环保组织、各类学会与行业协会及民间人士参与国家、地方和企业的适应技术研发活动的鼓励政策，初步形成适应气候变化科技的全民创新氛围。

8) 适应科技领域国际合作与赶超战略

逐步做到在气候变化影响的重点领域和敏感产业开展适应气候变化科技的国际合作，制定适应领域"南南合作"的中长期规划，科技合作规模逐年扩大并取得显著成效；筹划一批以我为主的适应科技国际合作项目，组织召开 5~10 次我国主办或承办的适应科技重大学术会议；争取我国在"十三五"期间涌现出适应科技领域的国际领军人物和一批在国际上有较大影响的适应科技成果；实现适应科技总体居于发展中国家领先水平，与国际先进水平的差距显著缩小，为在 2030 年赶上世界先进水平和 2050 年居世界领先水平打好基础。

4.3.2 中长期目标（2030 年）

确定适应气候变化科技发展的中期目标，要适应我国温室气体排放达峰和基本完成工业化与城市化，进入后工业社会和向中等发达国家转型，以及国际社会应对气候变化的新形势，努力降低气候变化风险，为经济的气候适应转型发展、气候适应型社会构建和全面治理生态，建设美丽中国提供有力的科技支撑。同时要与国家的减缓努力相呼应，积极参与和引领适应领域的国际行动，起到负责任发展中大国在全球气候治理中的应有作用。具体目标是：

（1）全面构建布局合理和完整的适应气候变化科技体制，形成国家主导、部门、行业与地方主动投入、企业适应市场需求自主研发、社会广泛集资参与与国际合作相结合的多元融资机制，适应科技资金投入比例和科研条件达到发达国家水平，建成一批具有世界先进水平的适应科技信息平台、基础数据库、适应机理研究与技术研发的国家与区域重点实验室。

（2）建立气候变化影响监测、归因、风险评估、气候预测、适应决策、适应技术甄选、适应效果评估检验等标准化业务运行系统。

（3）在气候变化与社会经济情景模型、气候变化影响辨识、归因与风险分析评估方法、大数据方法在气候变化影响评估中的应用等方面取得重大突破，实现短期气候预测与中长期气候情景预估的无缝对接。

（4）基本阐明气候变化引发极端天气气候事件及其次生、衍生灾害的机理与灾害发生新特点，实现极端气象事件预防、预警与应急响应的有机融合，完成对重大极端事件应急预案的适应性修订与减灾对策调整，建成具有国际先进水平的气候变化影响与极端事件应对的决策支持系统。

（5）不同类型受体和主要领域与行业的适应机理与技术途径研究取得重大突破，形成具有中国特色和世界先进水平的适应气候变化理论体系，取得一批具有较大国际影响的适应科技成果。

（6）基本完成重点领域和行业的适应技术体系构建、适应技术清单编制和相应技术标准的修订，一般领域与行业的适应技术体系构建与技术标准修订全面展开并取得显著进展。适应性结构调整转型与适应技术在大多数受影响企业得到全面推广并产生显著的经济、社会与生态效益。全面建立考虑气候变化因素的工程建设项目气候论证制度。

（7）在国家与大区的重点院校和科研院所建成一批具有世界水平的适应科技人才培养基地，涌现出一大批具有国际先进水平的适应科技人才。坚持气候适应型发展与建设气候适应型社会成为全社会的共识，企业适应型自主创新技术研发普遍推行，气候适应型城市与社区创建活动制度化普遍开展，各级学校适应气候变化知识普及率达到100%。

（8）在适应气候变化领域的国际合作能够起到引领作用，涌现出一批国际适应科技的领军人物，以我为主的合作项目在适应科技国际合作项目中的比例过半，与发展中国家的适应技术合作取得可量化的显著效益，在国际适应气候变化的科技活动中取得重要的话语权和较大的主导权。

第5章　中国适应气候变化数据、方法和理论发展战略

5.1　中国适应气候变化数据发展战略研究

20世纪80年代以来，以气候变暖为标志的全球气候变化问题受到了世界各国气候学家和地理学家的广泛关注，该研究领域在研究过程中积累了比较系统的气候变化影响数据，同时，也积累了较为丰富的气候变化减缓数据，然而在气候变化适应方面的数据却较少，因此，针对气候变化适应数据开发与服务现状开展的评价工作也相对缺乏。

适应气候变化数据可分为以下层次：气候观测数据、气候变化数据、社会经济数据、生态系统数据、气候变化影响数据、适应气候变化行动信息数据、适应行动效益评估数据，各类数据的相互关系与现状如图5.1所示。

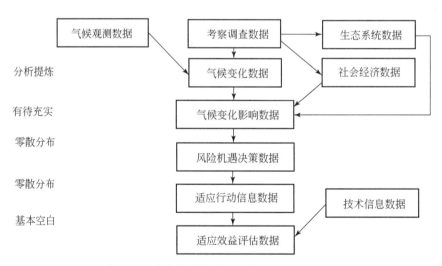

图5.1　适应气候变化数据的类型、层次与现状

本部分报告从自然生态系统、经济社会活动和社会安全三个气候变化适应领域切入，全面、系统、客观地评估了中国气候变化适应方面的数据积累、开发与服务状况，分析了中国气候变化适应的科学数据建设需求，并基于现状和需求分析，对中国在气候变化适应方面的科学数据发展战略进行了探讨。

5.1.1 中国适应气候变化的数据开发与服务现状

政府统计年鉴、互联网专题数据库和国内外经严格同行评议公开发表的科学论文是社会公众、科研机构、企事业单位和社会团体获取数据资料的主要渠道。本节报告主要基于中国经济与社会发展统计数据库[①]、互联网公开发布的专题数据库以及国内外经严格同行评议公开发表的科学论文，分别从数据的总量、质量和服务方面评估了中国自然生态系统、经济社会活动和社会安全等领域在气候变化适应方面的数据开发与服务现状。

评估结果显示，我国统计年鉴在自然生态系统、经济社会活动、社会安全方面均积累了一定的数据。其中，经济社会活动方面积累的气候变化适应数据最为系统、完善，这些数据主要集中在工业和农业[②]领域，主要关注点包括水利基础设计建设、农产品产量、防灾减灾、水土流失治理、能源结构调整、建筑节能和绿色建筑等方面。这些年鉴数据格式较一致，数据的可比性较高，并且实现了数据的年度更新，较为完整和系统地反映了我国经济社会活动的气候变化适应状况，是科研人员、教学人员、科技管理人员以及政府相关部门掌握国内动态信息的工具书，在支持科研创新和相关管理工作中发挥了重要支撑作用。近年来，国家统计局网站和部分省、自治区、直辖市政府统计局网站上也免费提供了一些统计年鉴，但我国网络免费提供的信息依旧较少，较之国际主要国家，我国年鉴数据的定价偏高，可获得性较差，对元数据的介绍不足，用户界面也不够友好（刘平一和崔增辉，2003；"中外统计年鉴比较研究"课题组，2008）。

我国已经建成的一批专题数据库中也囊括了部分气候变化适应数据，这些数据主要集中在自然生态系统和农业方面，湖泊、水旱灾害、水土流失、生物多样性、碳循环、土地利用与土地覆盖、物候、生产力与生物量、积雪、地表径流是其热点领域。这些数据资料的格式不尽相同，指标体系不尽完善，覆盖的空间范围千差万别，数据的可比性较差，并且数据的更新时间和可获得性参差不齐，仅能为自然科学领域研究人员、教学人员、科技管理人员以及地方政府相关部门掌握片段化信息提供提供有限的支撑。

此外，气候变化适应科学研究数据还散见于公开发表的科学论文中。2011 年，研究人员利用汤森路透数据分析工具和 Aureka 分析平台对国际气候变化适应研究领域的科学论文进行了统计分析，分析结果显示，1980～2010 年，有关气候变化适应的研究论文数量总体呈增长趋势，2003 年以后论文数量快速增长，反映了学术界对这一领域的重视和关注。中国在气候变化适应研究方面的发文量已经进入世界前 10 之列，但是从篇均被引频次和

---

① 中国经济与社会发展统计数据库（中国统计年鉴数据库）由中国知网（CNKI）出版，是一个集统计数据资源整合、数据深度挖掘分析及多维度统计指标快捷检索等功能于一体的汇集我国官方历年发布重要数据的大型统计资料数据库。完整收录了建国以来我国已出版发行的 395 种权威统计资料。其中，仍在连续出版的统计年鉴资料有 150 多种，内容覆盖国民经济核算、固定资产投资、人口与人力资源、人民生活与物价、各类企事业单位、财政金融、自然资源、能源与环境、政法与公共管理、农民农业和农村、工业、建筑房产、交通邮电信息产业、国内贸易与对外经济、旅游餐饮、教育科技、文化体育、医药卫生等行业领域，是我国最大的官方统计资料集合总库。

② 农业，本报告中指广义的农业，包括农业、林业、牧业、渔业。

相对影响力来看，中国与世界先进水平仍存在一定差距。关于热点领域，2006 年以前，气候变化适应研究主要关注全球变暖、农业生产、森林碳排放以及国家政策层面的研究；2006 年以后，海平面上升、海岸带脆弱性、科技影响力、公众健康以及升温效应等成了热点关注领域（曾静静等，2011）。整体来讲，科学论文中的数据质量很高，用户界面友好，可为研究人员、教学人员、科技管理人员以及地方政府相关部门提供重要支撑，但是其可获取性还有待进一步提高。

5.1.1.1 自然生态系统的气候变化适应数据

自然生态系统包括陆地生态系统、海洋生态系统、淡水生态系统、湿地生态系统和沙漠生态系统 5 部分，本节报告主要评估了自然生态系统以及生物多样性、物候、碳汇、碳通量、土地利用与土地覆盖、地表径流、湖泊、冰川、冻土、积雪、海-气 CO_2 交换通量、海平面、海岸带与陆海相互作用、森林火灾几个敏感领域的气候变化适应数据状况。

《中国环境年鉴》（1989～2014 年）和《中国环境统计年鉴》（1998 年，2005～2013 年）涵盖了中国整个自然生态系统的相关统计数据。这些年鉴数据库的数据覆盖范围遍及全国，数据格式较一致，数据的可比性较高，并且实现了数据的年度更新，是自然科学领域重要的工具书，在支持国家决策和相关的科学研究中发挥了重要作用。但与国际先进国家相比，中国年鉴编撰工作的起步较迟，例如《中国环境统计年鉴》对环境各领域基本情况的监测工作起步相对较晚（2005 年），而《中国环境年鉴》对环境各领域基本情况的统计工作开始的时间更迟，直到 2012 年才开始以中国环境状况公报的形式公布了中国环境各领域的年度状况、措施与行动（http：//epub. cnki. net/kns/detail. aspx？DBCode＝CYFD&fileName＝N2014100057000143&DBName＝CYFDLM_ total）。此外，中国年鉴还存在着以下诸多问题：①年鉴的定价偏高、网络免费提供的信息较少，可获得性较差；②年鉴的统计指标体系不健全；③统计数据的质量有待提高；④对元数据的介绍不足，用户界面不够友好等（刘平一、崔增辉，2003；"中外统计年鉴比较研究"课题组，2008）。

对于生态系统，2011 年曾有学者通过对近 20 年来生态学相关的文献进行统计分析后发现，1991～2010 年的 20 年中，在 SCIE 和 SSCI 数据库中发表的生态学论文数量上整体呈稳步增长趋势（2010 年除外）。通过对 2008～2010 年生态学研究相关文献关键词的分析，发现出现频次居前 10 位的关键词依次是：气候变化（climate change）、生物多样性（biodiversity）、扩散（dispersal）、入侵物种（invasive species）、性选择（sexual selection）、微卫星（microsatellites）、保育（conservation）、系统发生生物地理学（phylogeography）、生物入侵（biological invasions）和物种形成（Speciation）（张波等，2011）。而 2007 年的一项基于维普科技期刊数据库的研究显示，生态学文献符合指数增长规律，生态学与社会科学、产业部门、生物学相结合的各分支生态学文献所占比例较大，各年平均都在 20% 以上；景观生态、生态经济、生态工程、环境生态、农业生态、生物多样性六个分支的文献所占比例最大，而生态经济、农业生态文献所占比例明显呈逐年下降趋势；近年来发展较快，文献量较小但增加迅速的学科有生态安全、生态伦理、产业生态、污染生态、湿地生态五个分支学科（李庭波等，2007）。

对于陆地生态系统、海洋生态系统、淡水生态系统、湿地生态系统、沙漠生态系统 5 个生态系统，仅海洋生态系统有专门的统计年鉴（《中国海洋年鉴》和《中国海洋统计年鉴》）。但《中国海洋统计年鉴》与《中国海洋年鉴》两份年鉴均偏重海洋管理与资源利用，而内容和指标基本未涉及海洋基本数据，如海平面、海水温度、海-气 CO_2 交换通量、海岸带面积、海岸带与陆海相互作用等，（http：//epub. cnki. net/kns/detail. aspx？ DBCode = CYFD&fileName = N2014100057000143&DBName = CYFDLM_ total）。在海洋生态系统方面，1990 年以来国际海洋生态系统相关的研究论文发表数量剧增上升，全球气候变化对海洋生态系统的影响、海洋生态系统服务功能、人类社会与海洋生态系统的关系、海洋生物多样性、基于生态系统的海洋管理、海洋生态系统保护、深海生态系统、海洋生态系统研究相关技术、模型、极地生态系统研究是海洋生态系统研究的 9 个研究热点（王金平等，2011）。

对于生物多样性、物候、地表径流、湖泊、冰川、积雪、海平面、海岸带与陆海相互作用、森林火灾等自然生态系统的敏感领域的数据资料散见于我国 150 多种统计年鉴和互联网数据库中。这些数据资料的格式不尽一致，指标体系不尽完善，覆盖的空间范围千差万别，数据的可比性较差，并且数据的更新时间和可获得性层次不齐，仅为地方性自然科学领域研究人员、教学人员、科技管理人员以及地方政府相关部门掌握地区性、片段化信息提供了支撑。

对于河湖湿地，有学者以 1992～2008 年中国国内相关核心期刊及中国科学引文索引（China Science Citation Index，CSCI）期刊为基础，利用文献计量法等数学统计方法，分析了 1992 年以来长江中下游河湖湿地研究论文的数量特征、研究热点等，分析结果发现，自 1992 年来，论文数量在波动中不断增加，研究热点主要有湿地生物地球化学循环、湿地生物及多样性、湿地评价恢复重建及补偿、湿地水资源及水文过程等。随着湿地景观格局研究技术的迅速发展并日臻成熟，该主题已不再是研究热点。长江中下游河湖湿地可持续工农渔业是研究弱点，而湿地生态旅游研究是近几年新兴主题，研究文献相对较少（陈成忠和林振山，2011）。还有学者基于 Web of Science 分析了湿地研究的发展，1900 年～2010 年，湿地研究论文发表量呈上升趋势，20 世纪 80 年代以前，湿地中有关泥炭以及泥炭沼泽的研究内容占有很大的比例，20 世纪 90 年代以后湿地生态与生境恢复成为研究热点，总体而言，环境科学、生态学、水资源、工程环境学、海洋和淡水生物学、地理科学、植物科学、生物多样性保护、湖沼学和土壤学是湿地研究的重点领域，遥感和建模作为重要的技术手段应用于湿地研究，正在逐步促进湿地研究的信息化。美国在湿地研究中处于世界领先地位，而中国目前已成为继美国之后研究湿地科学的第二大国（盛春蕾等，2012；董巧连等，2010）。

目前，中国经济与社会发展统计数据库尚未涵盖碳汇、碳通量、土地利用与土地覆盖、海-气 CO_2 交换通量、冻土这几个气候变化敏感领域，但中国已建成的一批数据质量较高的专题数据库中囊括了许多自然生态系统相关的气候变化适应数据，这些数据主要集中在湖泊、生物多样性、碳循环数据库、土地利用与土地覆盖、物候、生产力与生物量、积雪、地表径流等方面，且这些专题数据库已在互联网上公布。另外，对于碳汇、碳通量、土地利用与土地覆盖、海-气 CO_2 交换通量、冻土这几个气候变化敏感领域，国内外相关科学论文中也存在部分气候变化适应的科学数据。

5.1.1.2 经济社会活动的气候变化适应数据

经济社会活动包括农牧渔林生产、工业、经济贸易、家庭生活、服务业 5 部分，本节报告对这些方面的气候变化适应数据开发与服务情况进行了系统的评估。此外，本节报告还对农产品产量、水旱灾害、水土流失、转基因、能源、节水农业、经济、贸易、交通、城市家庭生活、农村家庭生活、旅游、建筑等敏感领域的气候变化适应数据的开发与服务情况进行了评估。评估结果显示，中国经济与社会发展统计数据库基本涵盖了经济社会活动的 5 个主要部分。与之相对应，除水土流失、节水农业和转基因外，经济社会活动的 12 个敏感领域均存在专门的统计年鉴对其气候变化适应的相关数据进行全面系统的统计。

目前，中国经济与社会发展统计数据库中尚不存在专门的统计年鉴对于水土流失和转基因进行系统地统计，也不存在任何统计年鉴涉及转基因。约 50 份统计年鉴跟踪了中国的水土流失及其治理情况，但各种统计资料的统计指标、关注的地域范围，跟踪的时间范围等均有所差异，甚至在同一统计资料内部随着时间的推移，其统计指标和关注的地域范围也有所变化。但在我国已经建成的专题数据库中，水土流失数据已经较为系统。在国内外经严格同行评议公开发表的科学论文中，转基因技术作为我国的气候变化适应技术之一，积累了较多数据。在节水农业方面，2011 年，国内学者采用文献计量法分析 CNKI 中国期刊全文数据库中 1999～2010 年中国节水农业研究的文献数量、年份分布、主题分布等情况，分析结果表明，由于 1998 年节水农业被我国政府提到前所未有的战略高度，1999～2006 年，节水农业研究持续快速发展，2007 年后发展速度有所减缓（李琼等，2011）。节水灌溉技术、输水工程技术、节水方法、农用水管理法规和水资源合理开发利用何农艺节水技术（如耕作与覆盖保墒、旱作节水、保水剂节水、机械化旱作节水）等是中国节水农业的研究热点，但中国与农作物生物学特性有关的综合性农艺措施、科学节水灌溉制度设计等相当有效的节水方法研究还相当欠缺（叶培聪，2010）。

5.1.1.3 社会安全的气候变化适应数据

社会安全相关的气候变化适应数据主要包括政府治理、健康和重大工程 3 部分内容。《中国应对气候变化的政策与行动》（2008～2014 年）、《中华人民共和国气候变化初始国家信息通报》（2004 年）和《中华人民共和国气候变化第二次国家信息通报》（2013年）全面、系统地反映了中国气候变化影响与适应的基本情况、气候变化政府治理方面的工作及取得的成效。其中，《中国应对气候变化的政策与行动》（2008～2014 年）详细系统地记述了 2007～2013 年政府在制定并实施气候变化国家方案、采取气候变化适应政策措施，提高气候变化适应能力方面的进展及主要成就，内容涵盖农业领域、林业及生态系统、水资源领域、海洋领域、卫生健康领域、气象领域、防灾减灾体系建设以及能力建设等各个方面。资料面向广大公众开放获取，方便了各方面了解中国 2007 年以来应对气候变化采取的政策与行动及取得的成效。

健康和重大工程方面的气候变化适应数据散见于中国 150 多种统计年鉴中，其中，70 余份统计年鉴对我国人们健康进行了系统的跟踪，各统计资料的统计指标、统计口径、关注的地域范围，跟踪的时间范围等均有所差异，甚至在同一统计资料内部随着时间的推移，其统计口径也有所变化。

在健康方面，2012 年，我国学者检索了 PubMed 数据库中收录的气候变化与传染病研究的论文，统计和分析了这些论文的年发表文献量、主题分布等，研究结果显示，从 20 世纪 60 年代以来，气候变化与传染病的相关学术论文年发表量几乎是以指数方式在增加，该学科正处于快速发展时期。研究较多地关注了季节与气候变化、温室效应、热带气候、紫外线等气象及气候因素对传染性疾病尤其是人类流感的影响，相关的研究主要涉及传染病的流行病学、传播、统计与数值数据、兽医、病因学、预防与控制方法等（李范中等，2012）。

5.1.2 中国适应气候变化的数据建设工作需求

目前，中国适应气候变化的数据建设工作正在逐步向制度化、系列化过渡，一方面，由于缺乏统一规划和管理，还没有形成科学合理的体系，与国际主要国家相比，存在数据较少，领域分布不均匀、可获得性较差、统计指标体系不健全、数据质量不高、数据低水平重复、用户界面不友好等问题。而另一方面，中国自然生态系统、经济社会活动、社会安全在气候变化适应数据采集、数据库建设、完善数据共享与服务机制方面存在着巨大的需求。

5.1.2.1 数据建设制度有待完善

数据建设制度方面，建议加强宏观布局。首先，建议我国采用宏观调控手段，安排相关机构对我国适应气候变化的数据建设工作进行统筹安排和督进，规避同一学科不同年鉴之间的低水平重复问题，使各学科、部门、行业与地区之间分工协作，合理发展，均衡分布。第二，建议相关机构，兼顾学科特点、热点领域和实际需要，与时俱进反映一些新兴领域的发展情况，并使综合性与专业性数据库合理分工，综合性数据库应以满足普通用户的一般性了解为目的，而专业性数据库则以具有专门知识的读者为重点服务对象，力求内容系统专深，对综合性数据库进行补充与细化，避免低水平重复和学科领域空白。

5.1.2.2 提高数据质量，促进数据共享平台中数据的对接

信息技术的高速发展催生了一大批互联网数据库。这些数据库中的数据质量层次不齐、数据资料的格式不尽一致、指标体系不尽完善、覆盖的空间范围千差万别、数据的可比性较差，并且数据的更新时间和可获得性良莠不齐，其参考价值值得商榷。因此，建议国家层面出台数据质量标准，规范数据的精度、格式、单位等，提高数据质量，详细指明每种数据库应涵盖的内容、指标，查漏补缺，尽量避免年鉴之间不必要的低水平重复，并根据社会经济的发展和环境变化对指标体系进行完善，指标的增加需经过专门机构的积极

规划、仔细论证、核定，以保证数据的稳定性。例如，根据需要在气候变化适应科学数据库中增加生态系统第一生产力、雪水当量、碳汇碳通量、土地利用与土地覆盖、海-气CO_2交换通量等气候变化适应相关的指标。在提高用户界面的友好性方面，建议以注释、网络链接、参考文献等多种方式对元数据的质量、调整、可信度、局限性、调查方法（如普查、全面报表、抽样调查、行政记录等）及局限性进行详细说明，以促进数据共享平台中点、面、局地、区域、全球不同尺度上数据的对接。

5.1.2.3　数据在可获得性方面需要改善

建议数据资源建设以方便用户为指导思想，鼓励所有的年鉴等文本资料全部上网，供读者免费查阅和下载，并加大宣传力度，扩大科学数据的传播范围，以突出体现数据库的公共产品属性。

5.1.2.4　气候变化大数据发展工作需要尽快部署

大数据（big data）是指无法在可承受的时间范围内用常规软件工具进行捕捉、管理和处理的数据集合。大数据技术的战略意义不在于掌握庞大的数据信息，而在于对这些含有意义的数据进行专业化处理。经李克强总理签批，2015年9月，国务院印发的《促进大数据发展行动纲要》（以下简称《纲要》）系统地部署了我国的大数据发展工作。2014年3月19日，美国白宫将目光投向尚处于起步阶段的数据科学家，发起了"气候数据倡议"（Climate Data Initiative），旨在借新兴技术之力将有关气候变化的政府数据与私营部门数据进行整合，开发相关的数据分析工具以帮助各地政府及城市规划人员保护周边环境，适应气候变化。目前，美国海洋、大气、行星以及北极圈等相关领域的气候信息均已由美国宇航局、美国国防部、美国国家海洋与大气管理局以及美国地质勘探局等机构负责汇总到了同一个网站上。气候变化已经在全球范围内造成了极其恶劣的影响，造成了巨大的经济、财产损失和人员伤亡，开展气候变化适应工作迫在眉睫，而以数据为基础的可视化及规划工具的开发不仅能帮助城市规划者及管理者为未来气候变化作好充分准备，还有利于激发普通民众在这方面做出贡献，因此，建议中国政府尽快部署气候变化大数据工作，以促进中国适应气候变化。

5.1.3　中国适应气候变化数据保障能力发展战略

由我国适应气候变化数据的开发、服务现状及需求可以看出，我国气候变化适应的大数据建设是有基础的，并且有望在未来十五年实现从制度构建向惠及民生的创新型数据工具转型。

5.1.3.1　战略目标

1）总目标

构建我国气候变化适应大数据，提高我国的气候变化适应能力，保障社会安全，助力我国在气候变化适应能力、科学前沿、建模与预报研究以及人才队伍建设方面进入世界先进国家之列，使我国成为具有适应气候变化数据保障能力的国家。

2）分期目标

（1）2015～2020 年：夯实基础，聚焦数据制度和互联网数据库建设标准工作，完善我国气候变化适应数据体系，提高数据质量，部署气候变化大数据工作，并完成高质量气候变化数据集合的构建工作。

（2）2021～2030 年：着力促进大数据发展，开发专业化的数据分析工具，引领全球气候变化适应事业发展，开启精准治理、多方协作、惠及民生的气候变化适应新模式。

5.1.3.2　战略任务

战略任务的核心是构建我国气候变化适应大数据，基本的建设单元有以下几个。

1）数据制度、体制和标准建设

（1）建立或委任专门机构（如统计局）对年鉴出版、互联网专题数据库的建设工作进行统筹安排和督进，规避同一学科不同年鉴之间、互联网专题数据库之间的低水平重复问题，使各学科、部门、行业与地区之间分工协作，合理发展，均衡分布。

（2）出台年鉴出版、互联网专题数据库建设制度和标准，完善数据体系，提高数据质量。促进陆地生态系统、淡水生态系统、湿地生态系统、沙漠生态系统、生物多样性、物候、地表径流、湖泊、冰川、积雪、海平面、海岸带与陆海相互作用、森林火灾、水土流失、转基因、健康和重大工程等方面的专业年鉴和专题数据库的发展，并根据社会经济的发展和环境变化对指标体系进行完善，避免学科领域和新兴领域的数据空白。

（3）提高年鉴和专题数据库中数据的可获得性，扩大数据的传播范围，为气候变化适应数据的集成做好准备。

2）高质量、全面、体系化的气候变化适应数据的集成

（1）依据科学数据制度构建完善的指标体系，按照标准出台《中国气候变化年鉴》或《中国气候变化适应年鉴》，并根据社会经济的发展和环境变化对指标体系进行完善。

（2）根据互联网数据库建设标准规范，责成相关机构、学校、研究人员提供汇总气候变化适应数据到同一个数据平台上，并采取激励性政策措施鼓励私人或企业向该数据平台汇交数据，将数据集成平台构建成为数据指标体系完善、数据覆盖范围遍及全国、数据格式一致、数据的可比性高、实现 24 小时实时更新并可随时调用的高质量数据库。

3）提升自主创新能力，开发专业化的数据分析工具，提高气候变化适应决策能力

经李克强总理签批，2015 年 9 月，国务院印发了《促进大数据发展行动纲要》，系统部署大数据发展工作，目标是在未来 5 至 10 年打造精准治理、多方协作的社会治理新模式，建立运行平稳、安全高效的经济运行新机制，构建以人为本、惠及全民的民生服务新体系，开启大众创业、万众创新的创新驱动新格局，培育高端智能、新兴繁荣的产业发展新生态。气候变化作为威胁我国社会安全的一个敏感因素，建议我国将其纳入大数据发展计划，针对其开发专业化的数据分析工具，以提高我国的气候变化适应决策能力。

4）拓展气候变化适应大数据的应用能力

（1）面向中华人民共和国公民，构建可免费使用的友好界面。

（2）将大数据平台打造成为集数据环境、模型模拟环境、可视化环境和各类工具于一身的工具平台，为公众和领域专业研究人员提供常用的数据处理分析工具和模型数据融合算法工具，建设惠及民生的新服务模式，开启大众创业、万众创新的创新驱动新格局。

5.1.3.3 战略实施

建议"十三五"、"十四五"、"十五五"及其以后从制度建设、基础设施建设、数据分析能力建设和服务能力建设等方面推动我国气候变化适应大数据战略的实施，初步拟定的战略实施路线图如图 5.2 所示。

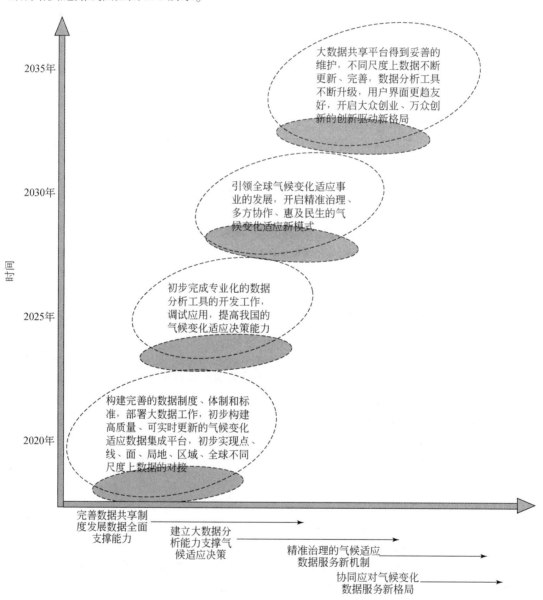

图 5.2　战略实施路线图

5.2 中国适应气候变化的研究方法发展战略研究

5.2.1 中国适应气候变化的研究方法发展现状

适应气候变化要深入研究四个核心问题（UNDP，2008；秦大河，2012）：一是研究适应的对象，即气候变率和气候变化的强迫，包括气候状况时空尺度的变化和气候极端事件等；二是研究适应的主体，即研究自然生态系统、人类系统及相关支撑系统的范畴和特征，评估其在气候变化背景下的风险和脆弱性；三是分析适应的行为，包含有利和不利影响两方面；四是评价适应的效果，需发展和制定相应的评价原则、指标体系和评估方法，科学评价适应政策或措施的生态、社会、经济效益和效果。

根据上述要研究的核心问题，适应气候变化的研究包括气候变化影响评价、适应对策评价和环境控制模拟试验。研究包括农林业、自然生态系统、水资源、海岸带、人类健康和城市等领域。研究区域包括全球、地区以及社区等各个地理单元。开展环境控制模拟试验，对自然生态系统和人为管理系统对全球变化的响应进行模拟研究。

大部分气候变化影响和适应对策评价研究都是采用所谓的"方案驱动"的研究方法。该方法由 7 个步骤组成（IPCC，2001a；殷永元和王桂新，2004）：①定义问题（明确研究区域，选择敏感的部门等）；②选择适合大多数问题的评价方法；③测试方法/进行敏感性分析；④选择和应用气候变化情景；⑤评价对生物、自然和社会经济系统的影响；⑥评价自发的调整措施；⑦评价适应对策。

5.2.1.1 气候变化影响评价工具

气候变化影响评价是适应研究的基础。影响评价的主要方法包括以田间试验和野外调查资料为基础的统计分析、半机理或机理模型、单一模型或综合模型等。其中采用模型的方法开展气候变化影响评价最为普遍。在农林业、自然生态系统、水资源、海岸带和人类健康等领域采用各种各样的模型方法。

地球系统模式是理解过去气候与环境演变机理、预估未来潜在全球变化情景的重要工具（王斌等，2008）。地球系统模式和高分辨率气候模式，对开展气候变化事实、归因、应对机制机理、模拟、预测等方面的研究具有重要的作用。

总体说来，现阶段物理气候系统动力学模式（包括大气环流模式、海洋环流模式、陆表层过程物理和水文模式以及三者的耦合）已渐趋成熟，现有的气候系统模式已能模拟出当今和古代的世界气候大格局，甚至可以用来做季度至年度的短期气候预测，以及做全球气候变暖趋势情景预测的模拟。

地球系统动力学模式是一个极其复杂的开放巨系统，涉及地球系统不同时间、空间尺度的相互作用，需要大气科学、海洋学、地球物理、化学、生态学及数学和计算科学等多学科的交叉融合，并在统一的思想原则指导下进行。地球系统动力学模式的研制和发展是一个相当长期的过程，既要做好各分系统的动力学模型的研究与设计，又要使各分系统模式有机地结合，即系统的集成（曾庆存等，2008）。

水文模型指用模拟方法将复杂的水文现象和过程经概化所给出的近似的科学模型。按模拟方式分为水文物理模型（实体模型、比尺模型）和水文数学模型两种基本类型。水文模型在进行水文规律研究和解决生产实际问题中起着重要的作用，随着现代科学技术的飞速发展，以计算机和通信为核心的信息技术在水文水资源及水利工程科学领域的广泛应用，促进了水文模型的研究的快速发展，并广泛应用于水文基本规律研究、水旱灾害防治、水资源评价与开发利用、水环境和生态系统保护、气候变化及人类活动对水资源和水环境影响分析等领域。

分布式水文模型，尤其是具有物理基础的分布式水文模型，由于它们明显优于传统的集总式水文模型，能为真实地描述和科学地揭示现实世界的降雨径流形成机理提供有力工具。分布式水文模型在水资源开发利用和保护、洪水预报以及人类活动对水文影响等方面得到越来越广泛的应用（芮孝芳和黄国如，2004）。

未来分布式水文模型将建成全球-大陆-区域-流域-局地等多尺度嵌套和水文-气候-地貌-生态-环境等多系统耦合的模型库系统，并能最真实再现水文循环过程，满足工程和规划等实际需要（闫红飞等，2008）。

采用作物模型，特别是作物生长模型，可以评价气候变化对农业的影响。目前采用较多的作物模型包括：

（1）农业技术转移决策支持系统（decision support system for agrotechnology transfer，DSSAT）。DSSAT 是当今世界上应用最为广泛的作物模型之一，它由美国乔治亚大学组织开发，其可以通过一系列程序将作物模拟模型与土壤、气候及试验数据库相结合，支持长期、短期的气候应变决策（Jones，1986）。目前，DSSAT 由 17 种不同的作物模拟模型组成，包括禾本科作物模型 CERES、豆科作物模型 CROPGRO、马铃薯模型 SUBSTOR、甘蔗模型 CANEGRO，木薯模型 CROPSIM 和向日葵模型 OILCROP（Hoogenboom，1999）等。中国在气候变化对农业生产的影响评估和适应性研究方面，应用该模型已经开展很多工作（熊伟，2009）。

（2）农业生产系统模型（agricultural production system simulator，APSIM）。APSIM 是澳大利亚农业生产系统的研究小组（Agricultural Production System Research Unit，APSRU）研制的一种具有模块化结构的作物生产模拟系统，在模拟气候变化影响农作物生长发育、产量及农田水分平衡等方面具有较好的效果，目前已在世界不少国家和地区得到了广泛的验证，并在世界各地农业生产中发挥了积极作用。中国自引入 APSIM 模型以来，已在华北平原地区进行了一些验证工作，该模型对指导当地冬小麦生产基本可行（Chen et al.，2010；Wang L et al.，2007；Li Y et al.，2008；Sun et al.，2005）。Wageningen 模型。由荷兰 Wageningen 大学和研究中心开发的 SUCROS 模型组也在被广泛应用。

（3）作物计算机模拟优化决策系统（crop computer simulation，optimization，decision making system，CCSODS）。CCSODS 将作物模拟技术与作物优化原理相结合，具有较强的机理性、通用性和综合性。目前包括水稻、小麦、玉米和棉花四种中国的主要农作物，其中以水稻模型 RCSODS 最著名（曹宏鑫等，2011）。

（4）CROP GROwth 模型。CROP GROwth 模型最初是由大豆模型 SOYGRO、花生模型 PNUTGRO 和干菜豆模型 BEANGRO 合并形成的，主要模拟籽实豆类作物的生长、发育和产量形成过程。目前模型扩展到能模拟的作物包括大豆、花生、菜豆、鹰嘴豆、西红柿等（曹宏鑫等，2011）。

（5）其他模型。通过水稻产量模拟和系统分析项目（SARP），荷兰政府资助与 IRRI 协作的水稻模型 ORYZA 已经在东南亚广泛验证。SUCROS 模型系列中包括 MACROS 和 BACROS 模型以及被称为 WOFOST 的简化模型（刘布春等，2002）。侵蚀预报影响计算模型（EPIC）经常用于气候变化及对农业影响研究方面，在美国应用尤多，最近更名为环境政策集成气候模型。另外如 PLANT-GRO，CENTURY 和 CROPCYST 也是一些著名的作物模拟模型（刘布春等，2002）。

5.2.1.2 环境控制模拟试验

早在 100 多年前，人们就开始利用环境控制模拟试验对自然生态系统和人为管理系统对全球变化的响应进行模拟研究。从环境要素控制方法来看，主要有封闭式（塑料大棚、温室、人工气候室和同化箱等）、开顶式气室（open top chamber，OTC）和完全开放式装置（free-air carbon dioxide environment，FACE）（Kimball，1983；Ceulemans and Mousseau，1994；Gunderson and Wullschleger，1994；Amthor，1995；Curtis，1996；Drake et al.，1997；Norby et al.，1999）。封闭式、开顶式气室内的环境要素易于控制，但由于其箱壁效应使植物的光强和光质、气温日变化、光照和气温的伴随关系、湿度、风等地上部环境以及水分、养分、植物根圈大小等地下部条件与大田条件下有显著差别，许多学者认为其研究结果难以真实地反映植物对环境要素变化的真实效应。开放式的研究由于在大田条件下进行，FACE 圈内没有任何隔离设施，CO_2 可以自由流动，既可保证试验的 CO_2 浓度，还可以使植物的地上部和地下部的环境条件与自然条件一致，因此，国际上普遍认为这是目前研究植物对大气 CO_2 浓度响应的最理想的研究方法（Ainsworth and Long，2005；杨连新等，2009）。FACE 系统最早于 1990 年由美国布鲁克黑文国家实验室设计，在美国亚利桑那大学对生态系统开展合作研究（Hendrey et al.，1993；Lewin et al.，1994）。目前，全球已有 30 多个 FACE 试验站，形成 FACE 协作网，广泛应用于森林、草地和农田生态的试验研究。研究内容从植物的光合响应、生长发育形成、碳氮代谢、谷物品质、土壤养分运转、土壤-气体交换和土壤微生物响应等均有涉足。中国目前有两套 FACE 系统，分别由中国科学院南京土壤研究所在江苏（2001 年）（朱建国，2002）和中国农业科学院农业环境与可持续发展研究所在北京（2007 年）（韩雪，2009）建立。由于其不同的气候特征，二者分别对当地的主要农田生态系统开展相关研究。

5.2.1.3 脆弱性与敏感性评估

脆弱性与敏感性评估是气候变化影响评价的主要组成部分。脆弱性评价的研究在自然灾害脆弱性、全球环境变化脆弱性、生态环境脆弱性等研究领域成果相对较多，一些定量或半定量的脆弱性评价方法已经被提出并得到应用，根据脆弱评价的思路将脆弱性评价方法分为以下五类（李鹤等，2008）。

1）综合指数法

该方法从脆弱性表现特征、发生原因等方面建立评价指标体系，利用统计方法或其他数学方法综合成脆弱性指数来表示评价单元脆弱性程度的相对大小，是目前脆弱性评价中较常用的一种方法。

2）图层叠置法

该方法是基于 GIS 技术发展起来的一种脆弱性评价方法，根据其评价的思路可分为两种叠置方法：①脆弱性构成要素图层间的叠置。②针对不同扰动的脆弱性图层间的叠置。

3）脆弱性函数模型评价法

该方法基于对脆弱性的理解，首先对脆弱性的各构成要素进行定量评价，然后从脆弱性构成要素之间的相互作用关系出发，建立脆弱性评价模型。

4）模糊物元评价法

该方法通过计算各研究区域与一个选定参照状态（脆弱性最高或最低）的相似程度来判别各研究区域的相对脆弱程度。

5）危险度分析法

该方法计算研究单元各变量现状矢量值与自然状态下各变量矢量值之间的欧氏距离，该方法认为距离越大系统越脆弱，越容易使系统的结构和功能发生彻底的改变。

6）其他方法

我国学者在脆弱环境和生态系统分析研究中，还提出通过选取多种影响敏感因子，确定不同因子的权重来计算脆弱度的方法，即综合指标分析法（赵桂久等，1995；赵跃龙和张玲娟，1998）。相关学者还利用 GCMs 模式确定了未来气候变化情景，采用实地调查、专家打分和层次分析等方法（AHP）等对黄土高原区农业生产的气候变化脆弱性进行了评估研究（王馥棠和刘文泉，2003；刘文泉，2002）。还有学者以北方农牧过渡带为例，构建敏感性和适应性指标评价体系，采用层次分析法确定指标因子的权重，最后采用模糊综合评判的方法对农业生态系统脆弱性进行总的评价（赵艳霞等，2007）。国内有学者认为，全球气候变化下，自然生态系统脆弱性的定量评价方法主要有情景分析、模拟模型法和综合指数法（赵慧霞等，2009）。

在脆弱性评估中也包括敏感性分析和适应的能力评价。敏感性分析方法采用多标准评价。适应能力评价研究内容包括国家、区域和部门的适应能力、潜力和差距评价，利益相关者评价，适应措施效果评价，民间团体、专业部门适应能力评价。评价工具主要采用多标准评价。

5.2.1.4 气候变化适应技术与对策的评价方法

常规的适应对策评估分析主要以 IPCC 气候变化影响和适应技术以及对策评估技术指南中列举的方法工具为代表，适应对策研究致力于改善各种对气候变化敏感系统的适应能力和恢复力，也包括增强系统可持续能力的研究方法。

适应对策的形式多种多样，一般来讲，适应对策可以分为两大类：自发的和有意识的规划适应对策。前者通常是短期的、战术上的适应，与具体气候变化直接相关；而后者更加偏重战略，是长期的、主动的，通常由政府部门制定并作为部分政策的适应措施。

决策工具可用于普遍通用的分析（适用于多部门）、水资源部门、沿海资源、农林业部门和人类健康方面。

各种评价工具对两类不同的适应对策评价所采取的方式和分析过程是不同的。适应科学的研究通常运用两种途径来评价适应对策。一种途径利用气候变化影响评价模型测试短期、即时、或者自发适应措施的有效程度或功能。另一种途径主要是评价预期的或者规划的适应战略和政府政策，因此，评估工具总与政策评价和分析有关。常用工具包括：初始调查工具包括专家会诊，适应对策筛选和适应决策矩阵（Adaptation Decision Matrix，ADM）；多标准评价工具（目标规划（GP），模糊模式识别，神经网络，层次分析法（AHP））；适应成本效益分析（财务分析工具，费用效益分析工具、费用效率分析工具和风险效益/不确定分析工具）（殷永元和王桂新，2004）。

适应对策研究框架是适应研究的关键方法（UNDP，2008），重点包括：①确定最大的和最关注的气候变化脆弱性；②确定已有适应措施中极具效率的措施；③增强经济分析能力；④建立适应对策的优劣次序排列；⑤发展国家水平上的适应策略，将它们整合到国家经济和可持续发展规划中；⑥增强适应能力；⑦支持适应方面的创新、拓展以及有教育意义的方案；⑧确保社区和公众的参与；⑨强调适应对策区域之间的协调；⑩将更多的精力转移到目前的气候风险、影响和适应方面，将它们作为基准适应分析的一部分；⑪明确地将适应对策考虑包含在气候变异性和异常事件以及长期气候变化中；⑫开发描述未来气候情景的新方法，使得气候和天气变量与适应决策更为相关；⑬完善社会经济情景确立、测试和应用分析框架，以增强评价脆弱性和适应能力；⑭详细说明现有发展政策和未来行动计划，尤其是那些可能会导致增加气候变化脆弱性甚至是错误适应的行动；⑮综合考虑灾害防治的措施和气候变化适应策略；⑯将以前的适应对策研究重新定位到探讨政策方面；⑰收集和公布与气候变化适应有关的数据；⑱将更多的精力放在目前和未来气候变化脆弱性方面；⑲综合考虑其它的大气、环境和自然资源问题。

英国气候影响项目（UK Climate Impacts Program，2011）总结了脆弱性和适应评估的一般性框架，包括 8 个步骤：①识别问题与目标；②建立决策指标；③评估风险；④识别选择；⑤评估选择；⑥做出决策；⑦实施决策；⑧监测。

5.2.1.5 灾害（气候变化）风险管理

风险不仅来自气候变化本身，同时也来自于人类社会发展和治理过程。人类社会需要考虑未来各种气候变化风险，并通过适应和减缓措施，减少气候变化的影响并进行风险管理。灾害风险管理和适应气候变化的重点是减少脆弱性和暴露度，降低灾害风险，并提高对各种潜在极端事件不利影响的恢复能力，促进社会和经济的可持续发展（IPCC，2014）。

风险管理的主要任务包括：极端天气事件及重大灾害的监测与预测、气象灾害风险普查以及基于分灾种的风险区划等工作。提高关键气候系统的气候预测准确率是气候风险管理的基石；加强气候灾害风险评估业务能力是气候风险管理的核心；建立完善气候灾害早期预警业务是气象灾害风险管理的关键；建立应对风险的快速响应机制是应对气候灾害风险管理的根本（IPCC，2014）。

对风险管理研究的方法包括定性分析方法和定量分析方法。定性分析方法是通过对风险进行调查研究，做出逻辑判断的过程。定量分析方法一般采用系统论方法，将若干相互作用、相互依赖的风险因素组成一个系统，抽象成理论模型，运用概率论和数理统计等数学工具定量计算出最优的风险管理方案的方法。

5.2.2 发展中国适应气候变化研究方法的需求

适应气候变化相关领域的研究包括气候变化基础研究、气候变化影响评估、气候变化适应技术与对策、风险管理和环境控制等。开展在重点行业、领域和沿海地区、生态脆弱区、生态屏障区、大型工程区适应气候变化研究，需要开发和完善的研究方法和工具众多，归纳如下。

5.2.2.1 具有数据融合能力的综合评估模型，包括农业模型

在模型研发中，开发具有数据融合能力的综合评估模型，包括农业模型，对于提高气候变化影响评估的水平至关重要。这些评估模型包括气候变化对重点领域、行业与区域影响的综合评估模型，以及构建全球变化经济学与影响综合评估模型。

此外，为了系统模拟研究人类活动和气候变化相互作用的过程与气候变化风险，预估未来不同阶段气候变化及其对全球经济的影响，科研人员研制出具有自主知识产权的、国际先进水平的地球系统模式和高分辨率气候模式。我国相关研究人员也积极提高我国在气候变化事实、归因、应对机制机理、模拟、预测等方面的研究水平，推进我国相关工作进入国际先进行列（曾庆存等，2008）。

5.2.2.2 气候变化早期预警的基础理论和方法体系

早期预警在识别气候变化引起的致灾因子、致灾机制、风险类型与风险级别等方面具有明显优势。应坚持预防为主，加强监测预警，努力减少气候变化引起的各类损失，并充分利用有利因素，科学合理地开发利用气候资源，最大限度地趋利避害。因此，需要开展气候变化早期预警的基础理论和方法体系研究。

5.2.2.3 决策支持系统

决策支持系统（decision support system，DSS），包括与GIS和遥感等方法结合的决策支持系统的开发，在构建重点领域、行业、区域气候变化影响评估国家标准与可操作性评估技术体系，以及分类评估气候变化与极端事件对脆弱领域（如农业、林业、牧业、渔

业、水资源、大气和水土环境质量、人体健康等）的影响等方面应用广泛。

5.2.2.4 适应技术与对策的评价方法

适应技术与对策的评价方法的开发与应用，主要包括目标规划（GP）、模糊模式识别（FPR）、神经网络技术（ANN）和多层次分析过程技术（AHP）等技术。运用这些技术可以提高在重点行业、领域以及沿海地区、生态脆弱区、生态屏障区、大型工程区的适应气候变化技术与对策的评价的定量化水平。

5.2.2.5 灾害（气候变化）风险管理方法与工具

在气候变化风险监测、评估与预警，以及制定灾害风险管理措施和应对方案方面，提高气候变化风险管理水平是适应气候变化的重要内容和任务。系统论方法、理论模型、概率论和数理统计等数学工具为定量计算出最优的风险管理方案提供了基本的方法。

5.2.2.6 环境控制模拟试验的 FACE 系统。

早期的 FACE 系统主要开展单个要素 CO_2 浓度升高对土壤和植物系统的影响试验。IPCC《第三次评估报告》中指出，单纯 CO_2 浓度升高对植物具有促进作用。在没有胁迫条件下，CO_2 浓度升高到 550ppm[①]，C3 作物的产量增长 10% ~ 20%，C4 作物的产量升高 0% ~ 10%（IPCC，2001b）。但是，植物生理学家和模型研究者都认识到，CO_2 浓度升高对植物的影响无论是在实验观测中还是在模型模拟中，都有可能高估实际的田间反应，因为还有诸如病虫害、杂草、物种竞争、土壤、水资源和空气质量等限制因素。这些限制因素使得田间实验不能大规模进行，在模型模拟当中也不易定量。

因此，增加对其他环境要素的模拟研究（不仅仅对 CO_2 浓度的调控）成为紧迫需求。诸如美国伊利诺伊大学（2003 年）（Morgan et al.，2003）和中国科学院南京土壤研究所（2007 年）（朱新开等，2011）在原有 FACE 的基础上，增加 O_3 要素进行调控，形成 O_3-FACE。国际上其他 FACE 系统也积极开展对多个环境要素对植物的交互影响研究，如澳大利亚墨尔本大学 AGFACE 于 2007 ~ 2009 年开展 CO_2×氮肥×播种时间的交互响应试验（Lam et al.，2012）和中国农业科学院农业环境与可持续发展研究所于 2007 ~ 2009 年开展 CO_2×氮肥×品种的交互响应试验（Han X et al.，2015）。另外，当前 FACE 站点主要分布在温带地区，缺乏其他气候类型区的试验站点。供试植物中 C3 植物的数量远远大于 C4 植物，对于 C4 植物的探索仍需加强。在气候变化背景下，全球人口增加、干旱和高温事件频发，都给农业生产调控和产出带来巨大的压力。优选适应气候变化的种质资源将成为大有作为的适应技术（Leakey et al.，2009）。但是，这就需要开展对众多的试验材料开展多代季的试验研究，因此，在典型种植区建立能够满足同时种植上百种试验材料的超大 FACE 系统成为未来的发展趋势（Ainsworth et al.，2008）。

[①] 浓度单位，$1ppm = 1×10^{-6}$

5.2.3　中国适应气候变化的研究方法发展战略

中国在气候变化适应研究方法上开展了许多研究，为气候变化适应科学研究提供了基础。未来方法研究发展阶段分为 2015~2020 年（十三五末，即全面建成小康社会）和 2021~2030 年（联合国 2030 年可持续发展议程）。在近期（2015~2020 年）和远期（2021~2030 年）实现从面向适应气候变化应用研究转向为气候变化基础研究提供较为成熟的方法和工具体系转型。

5.2.3.1　战略目标

1）总目标

构建中国适应气候变化应用研究和基础研究较为成熟的方法和工具体系，为使中国适应气候变化研究和应用进入国际先进国家之列提供保障。

2）分期目标

2015~2020 年：重点开发适应气候变化应用研究方法和工具，包括适应气候变化的影响评估综合模型、适应技术与对策评估方法，建成一个中国独立自主研制的地球系统动力学模式基础框架。2021~2030 年：建成用于适应气候变化应用研究的较为成熟的方法和工具体系；建成具有我国自己特色的、完整的地球系统动力学模式，引领全球适应气候变化研究。

5.2.3.2　战略任务

开发适应气候变化应用研究方法和工具，包括适应气候变化的影响评估综合模型，适应技术与对策评估方法。重点开展以下工作：发展服务于重点领域（自然生态系统、农业、林业、水资源、人类健康、海岸带、能源、交通）、重点区域（脆弱和敏感区域）和重大工程中的关键适应技术的集成、开发与应用的方法体系，包括早期预警系统、风险管理方法与工具；开发决策支持系统；开发气候变化影响评价综合模型；开发集成气候变化情景和社会经济情景的经济评价模型；发展具有自主知识产权的高分辨率气候（变化）模式；开发适应技术与政策评估、适应实施与监测，以及经济评价方法与工具。支持适应气候变化的案例研究，为总结各地适应气候变化的经验并积累数据和降低系统脆弱性服务。

支持模型开发与研究，重点支持具有数据融合能力的综合评估模型开发。农业模型比较和改进项目（The Agriculture Model Inter-comparison and Improvement Program，AgMIP）（http：//www.agmip.org）是由全球上百位气候、作物模型、全球和区域经济模型及 IT 方面的专家共同组成的开放式研究网络。它通过各领域专家的协作提高农业模型在全球的预测能力，并基于新一代农业模型的研发和测试，以及不同农业模型的比较和改进，降低模型运用在气候变化影响和适应研究中的不确定性。

发展地球系统动力学模式。近期目标是利用 5 年左右的时间，建成一个中国自己独立自主研制的地球系统动力学模式基础框架，其各分系统模式全部或大部分或核心部分是我国自创的，包括新一代高分辨率大气–海洋–陆表层过程耦合模式、全球大气化学及其与大气环流模式的耦合、全球植被生态系统动力学模式及其与陆表过程模式的耦合、流域水文和地下水系统模式及其与陆表过程模式的耦合、陆地和海洋生化过程模式（以碳循环为主）的耦合，以及与气候模式的耦合，为地球气候环境系统的模拟和预测研究提供基础工具，也部分研究中国所特需研究的问题。以上目标实现后，才能建成具有中国自己独创特色的、完整的地球系统动力学模式（包括全球的和区域的），最终为国家制定经济和社会可持续发展战略规划提供科学依据（曾庆存等，2008）。

5.2.3.3　战略实施

建议根据近期（2015～2020 年）和远期（2021～2030 年）目标，从开发适应气候变化应用研究方法和工具着手，形成研究方法和工具体系；逐步加大适应气候变化基础方法的研究力度，开发出具有数据融合能力的综合评估模型，建成一个中国独立自主的地球系统动力学模式。

5.3　中国适应气候变化的科学理论发展研究

5.3.1　中国适应气候变化的科学理论研究现状

5.3.1.1　适应决策科学基础的发展现状

进行适应气候变化的决策，首先需要认识变化了的气候条件作为外在强迫因子对受体的冲击有多大。我国学者对气候变化的影响评估做了大量研究工作。最开始的气候变化影响评估，主要集中在农业、水资源、海岸带、森林和其他自然生态系统、重大工程、人体健康和环境的影响评估上（《气候变化国家评估报告》编写委员会，2007），其后的影响评估更扩展至陆地水文水资源、生物多样性、冰冻圈、近海、能源、工业、交通、人居等领域/部门（《第二次气候变化国家评估报告》编写委员会，2011；《第三次气候变化国家评估报告》编写委员会，2015）。事实上，作为受体，在承受气候变化冲击时，其自身的适应性决定了其脆弱程度，而这种脆弱性在未来各种可能的气候情景下就是风险，这种风险与未来发展途径、温室气体排放情景、治理水平等是紧密相关的。

在第一次《气候变化国家评估报告》中，就对气候变化的脆弱性进行了评估，在《第二次气候变化国家评估报告》中强调要加强气候变化影响的风险评估研究，在《第三次气候变化评估报告》中风险评估成为了一个重要的内容。这些评估，为中国的适应决策提供了强有力的科学基础支撑。

5.3.1.2　适应决策体系框架研究的进展

气候变化导致了地球物理、生物和社会经济系统的改变，造成了有益或有害的影响，从适应观点出发，更多的关注重点是气候变化的不利影响。气候变化对人类系统的不利影响主要通过脆弱性和暴露度来体现。目前，我国在科研层面已开展了气候脆弱性评估工作，就其概念、内涵、定量评估方法做了探索，以期明确现状条件对气候异常的脆弱性（方一平等，2009a）。现今，定量和定性的脆弱性评价方法已被提出并应用，包括模型模拟、指标评价和统计函数分析等方法。多种概念模型和应用模型被广泛应用。其中，模型构建更为复杂完善，例如，在农业脆弱性评估方面，同时考虑农业的气候敏感性因素和自身适应能力因素的综合模型已被开发应用，能够全面而客观分析农业的气候变化脆弱性程度（唐为安等，2010）。在不同领域，已构建了适用于该领域的脆弱性评估指标体系，由单一指标发展为多种指标综合应用，进一步考虑自然与人类的相互关系（夏军等，2012）。无论是在水资源、农业、生态系统等领域，都提出更为明确的脆弱性综合评估框图及具体步骤框图（王宁等，2012；夏军等，2015）。除了气候变化影响评估、脆弱性和适应性评估外，风险评估作为一个新的主流研究内容，是气候变化风险管理和应对气候变化研究的重要组成部分，是适应决策的一个重要的科学基础。现有风险评估内容主要包括基于气候变化风险概念模型的风险值数评估，基于气候情景预估与关键阈值的风险概率评估以及气候变化脆弱性识别与评价，多项研究从风险要素的识别、指标量化、风险阈值、不确定性量化与降低多方面提高风险评估的科学性（彭鹏等，2015）。在IPCC《第五次评估报告》中，更新了气候变化风险的评估框架，提出了致灾因子的危害、暴露度、脆弱性三者与风险之间相互关系的框架，并提出关注关键风险、新生风险、复合风险和剩余风险（李莹等，2014）。综合评估量化多种风险，协同考虑发展需求和新增的气候风险，是未来风险评估的重要内容。总体而言，传统的适应气候变化决策科学基础是根据气候变化分析及影响评估做出的，而现在由于脆弱性和风险评估研究的不断开展和深入，相关研究成果已经能够为制定气候变化适应决策提供更为合理科学的理论依据。

5.3.1.3 适应的行动与实践支撑适应理论创新

中国有着世界上最丰富的适应实践。气候变化加剧了我国各地区的脆弱性，贫困人口对气候变化的适应能力受生计资产和生计压力的限制，高频率的气候极端事件缩短了贫困人口恢复的时间，使其长期处于脆弱状态。近年来，全球变化研究从侧重于关注全球变化的自然因素向强调自然与人文因素的综合作用研究发展，对气候变化脆弱性的关注也从自然生态系统转向耦合系统（人-环境耦合系统、社会生态系统、人地系统），并提出了相应的研究框架。在大量的分析框架中，可持续生计框架和"暴露-敏感性-适应能力"框架，对于认识区域气候变化脆弱性具有较好的借鉴。王建国等（2012）系统总结了中国农业适应气候变化的技术措施和在河北省、江苏省、安徽省、山东省、河南省和宁夏回族自治区开展的农业综合开发适应实践，进行了适应措施的成本效益分析；许吟隆等（2013）总结了草地畜牧业、生物多样性保护、自然保护区、人体健康等方面的适应技术，并进行了适应效果分析，进行适应技术的集成与适应技术途径研究。这些研究为适应的理论创新奠定了基础。

5.3.1.4 适应行动效果的监测和评估研究的进展

适应行动的评估是一项很重要的工作，是对适应措施进行计划、组织、实施、管理和指导等诸项经济活动的重要工具。评估是为了系统性的有目的地确定基于适应行动目标的相关性、效率、效果及影响过程。为了及时、准确地掌握适应行动实施进度，评价项目实施质量及其所产生的效果和影响，及时发现并解决适应行动实施过程中存在的问题，保证各级适应行动管理机构和有关行业主管部门对项目进行正确的决策和有效的监督，适应行动的评估不仅要看采取适应措施所取得的经济效益，还应当关注生态和社会效益。目前，成本－效益分析（Hanley and Spash，1993）是国际上比较成熟和被认可的评估方法。成本－效益分析是通过比较项目的全部成本和效益来评估项目价值的一种方法。成本－效益分析方法作为一种经济决策方法，可以帮助决策者选出最好、最有效的项目，以追求目标函数的极大值，使稀有资源得到最适当的配置。以农业适应行动措施的效果评估为例，黄焕平等（2013）使用成本－效益分析方法和 IPCC（2007）推荐的温室气体估算方法评估比较了 3 种种植方式（人工插秧、机械插秧和直播）的水稻在麦稻轮作复种"两晚"模式（水稻晚收，小麦晚播）下的社会、经济和生态效益。其中社会效益主要以耗费的劳动力衡量，生态效益用农业温室气体排放量评价。评估结果表明：水稻直播和机械插秧可以节省更多劳动力；农业机械燃油、施用化肥、稻田淹水等农作措施导致了大量人为温室气体排放；水稻种植方式为人工插秧的麦稻轮作模式能取得最优的经济和生态效益；"两晚"模式实施的关键是适时地利用近年来增加的农业气候资源。水稻人工插秧与麦稻"两晚"相配合的种植模式是适应气候变化的较优选择（黄焕平等，2013）。

5.3.1.5 适应机理研究进展

适应气候变化的分类，可以分为自主适应与规划适应、主动适应与被动适应、渐进适应与转型适应等。《适应气候变化国家战略研究》报告的发布，是我国主动适应、规划适应的一个重要标志（科学技术部社会发展科技司和中国 21 世纪议程管理中心，2011）。许吟隆等（2014）选取可中国农业典型适应案例，进行了渐进适应与转型适应的分析，并指出随着气候变化的不断加剧，转型适应将越来越多地应用于适应决策与适应实践，应对"转型适应"进行更多的研究。适应气候变化，减少脆弱性和暴露度、增强恢复力，以及进行风险转移等，都是适应机理的不同方面，对于指导实际的适应实践优质重要意义，如建设"韧性（海绵）"城市，就是通过增强恢复力适应气候变化的典型案例。

对于一个系统或区域来说，气候变化带来的影响不是均匀分布的。从系统学的角度来看，系统的边缘最脆弱，系统边缘部分一旦突破，将会给系统造成极大的损害。因此我国学者提出了边缘适应的概念（许吟隆等，2013），"边缘适应"指由于气候变化加剧了系统的不稳定性，两个或多个不同性质系统的边缘部分对气候变化的影响异常敏感和脆弱，在系统边缘的交互作用处，通过采取积极主动地调控措施使系统的结构和功能与变化了的气候条件相协调，从而达到稳定有序的新状态的过程。为了科学选择和制定气候变化适应技术和措施，需深入研究气候变化适应的科学机理。利用受体系统自适应能力或采取人为调控措施，通过优化系统结构和功能减少气候变化的脆弱性或改善局部生境，降低气候变化影响程度的机制和机理，即为适应的科学机理。然而，由于气候变化影响的复杂性，适应机理研究一直是一个难点。应用系统学的方法进行科学机理探索的一个尝试，以"边缘适应"作为适应科学机理研究的切入点，有望取得适应气候变化理论上创新性的突破。

5.3.2 发展中国适应气候变化科学理论的需求

IPCC（2014）《第五次评估报告》总结了过去几年在适应工作中的理论进展，认为在以下几个方面有明显创新：第一，适应气候变化的研究视角从自然生态脆弱性转向更广泛的社会经济脆弱性及人类的响应能力；第二，提出了适应气候变化以减少脆弱性和暴露度及增加气候恢复能力的有效适应原则；第三，提出了适应极限的概念，明确了其在适应气候变化中的意义；第四，提出了保障社会可持续发展的气候恢复能力路径，注重适应和减缓的协同作用和综合效应，指出转型适应是应对气候变化影响、突破适应极限的必要选择（段居琦等，2014）。与国际研究相同的是，我国在适应理论研究方面也在不断加强与可持续发展理论的结合。整合气候变化减缓、适应和可持续发展是一个较新的挑战，目前学术界还不能提供强有力的适应决策框架和指南，还有很多相关研究工作有待开展。在适应的需求和决策领域，越来越多的研究关注那些威胁人类生计和生命财产安全的极端灾害事件。在适应的规划和执行方面，则偏重减小气候变化影响的基础防御设施建设，优化适应策略和方法以更好地利用适应气候变化的资源，将适应措施整合到社会发展中以实现共赢。同时，对于主要的减缓和适应选择，需要对其收益、成本、协同、权衡取舍和限制因素加强研究。

气候变化导致水资源短缺、干旱化加剧、海平面上升、冰川退缩、荒漠化加重，造成生态系统退化、食物数量和品质下降、流行性疾病传播等，所造成的经济损失在过去几十年来显著上升。适应气候变化将是实现未来中国社会经济可持续发展的重要基础。气候变化的适应活动是建立在准确而详尽的科学信息基础上的，不同尺度的过去和未来气候情景信息有利于评价气候变化的现实和潜在影响，促进制定合理的国家和地区适应政策。中国已经于 2007 年、2011 年和 2014 年先后发布三次气候变化国家评估报告，气候变化影响的评估领域涉及水资源、农业生产、生态系统、环境和人体健康、气候变化对海岸带和海洋、城市和乡村经济发展等领域。在评估方法上，中国近些年不断发展全球气候系统模式和区域气候模式，构建未来气候变化情景，广泛应用于对农业、生态系统、水资源等的气候变化影响评估上。并在上述工作的基础上，研发区域程度上的社会经济情景（SSPs），用于对气候变化发展和阶段的区域影响评估和减缓适应等方面的研究。

在全球变化背景下，中国科学界围绕适应对象、适应主体、适应方法开展了多方面的研究，对不同的适应措施，例如主动适应和被动适应、个人适应和公众适应、自发适应和计划性适应等，进行了科学阐述和说明（崔胜辉等，2011）。提出了主动利用适用性策略和自下而上的途径是适应性研究的重要方向。而大量的研究表明，单一的手段和知识领域难以达到预期适应的效果，多维知识和学科领域的联合是增强适应能力的重要途径（方一平等，2009b）。现今，虽然适应决策的科学基础研究有了一定的进展，但是中国尚未建立完善的气候变化适应决策体系，大部分研究只是提供了比较通用的适应行动实施模式（居辉等，2010；殷永元，2002）。在 2011 年发布的《适应气候变化国家战略研究》中，虽然对适应决策目标、原则、主体、理论基础、流程和工具作了说明，但适应决策内容可操作性较低，缺乏明确的责任部门和适应性管理机制。因此，完善适应性决策体系，是适应气候变化，减轻气候变化对自然生态系统和社会经济系统的不利影响的必由之路。

整体上，国内目前对转型适应的研究不足，对适应决策的风险评估研究不足，适应的示范基地建设与机理研究不够，适应技术体系尚未完善。要实现适应理论上的突破，首先需要方法学上的突破，同时要加强适应试验基地建设，促进适应机理研究的创新。

5.3.3 中国适应气候变化的科学理论发展展望

5.3.3.1 以方法学创新引领理论创新

当前中国适应行动开展缺乏足够的科学理论支撑，应当大力加强气候变化对各领域影响机理的实验、理论与综合评估模型的研究。在分析中国适应气候变化面临的形势，国家发展和改革委员会、中国气象局等 9 部门在 2013 年 11 月联合印发了《国家适应气候变化战略》，将适应气候变化问题纳入政府的经济和社会发展规划，明确中国适应气候变化的指导思想、原则和主要目标，指出应在基础设施、农业、水资源、海岸带、森林和其他生态系统、人体健康等领域实施重点适应任务，在城市化地区、农业发展地区、生态安全地区有侧重地实施适应任务，构建区域适应格局等。上述内容对于中国未来推进适应政策和行动具有很强的理论和战略指导意义。未来适应气候变化理论研究应该加强方法学创新，特别是强调客观认识气候变化影响及其风险，加强减少相关领域暴露度和脆弱性及增加气候恢复能力的机制和方法研究，切实推动适应气候变化，保障自然和社会经济系统可持续发展（孙成永等，2013）。目前中国学者提出的"边缘适应"的概念，是适应方法学创新的一个尝试，在此概念基础上，在生态边缘过渡区域开展适应的技术示范，深入挖掘"草根"适应技术，并梳理成技术体系，然后进行全新的适应技术创新，支撑适应理论的创新，是一个可行的适应科技创新途径。

5.3.3.2 以实验资料积累支撑理论创新

纵观世界科学发展史，原始资料的积累是实现理论创新的前提与必要条件。中国已经积累了大量的自主适应的经验，具有丰富的"草根"适应技术，对这些"草根"适应技术和经验的挖掘，可以为我们的理论创新提供很多有益的资料与启示；同时，根据气候变化带来的典型适应问题，有针对性地开展适应机理的试验，通过机理试验实现适应理论上的突破。

5.3.3.3 边缘交叉、综合集成创新

集成创新是创新行为主体的选择、优化、配置，相互之间以最合理的结构形式结合在

一起，形成的一个由适宜要素组成的、优势互补的、匹配的有机体，从而使有机体的整体功能发生质变的一种自主创新过程。集成创新使各种单项和分散的相关技术成果得到集成，其创新性以及由此确立的竞争优势和科技创新能力的意义远远超过单项技术的突破（潘韬等，2012）。适应气候变化技术的集成创新至少需要从技术整合、协调机制以及资金机制等 3 个方面来实现。整合是适应技术实现集成创新的重要手段。不同适应主体或决策部门需要整合不同区域与领域的资源与能力，才能形成整合的创新能力，实现集成创新。不同领域或区域以自身的能力与资源为基础，寻找具有互补资源和能力的领域与区域，如农业领域与水资源领域的适应技术整合，并且需要将他们的资源和能力整合到自身的能力体系中，从而形成集成的资源和能力，为适应气候变化技术体系整体的集成发展奠定基础。其次，适应气候变化的主体有很多层次。目前情况下，政府部门是适应气候变化的首要主体，不同领域的企业和生产者也是适应气候变化的重要主体。科学的适应气候变化集成创新机制需要建立起科学的适应气候变化主体的组织机制。这种组织机制需要紧密结合不同级别的政府部门、科研机构、企业和生产部门以及普通人群。此外，适应气候变化需要庞大的资金支持，其资金机制包括公共资金和市场资金两个方面。需要在国家财政投入之外，鼓励和引导金融机构和企业单位投资气候变化适应行动，同时充分利用国际适应资金，全面提高我国适应气候变化的能力，最大限度地降低气候变化的不利影响（潘韬等，2012）。

5.3.3.4 集中优势资源，实现理论研究的重点突破

适应气候变化涉及我国社会经济生活的方方面面，涉及各个不同尺度系统的相互作用，其研究对象错综复杂，研究议题纷繁多样。要针对国家重大需求，立足学科长远发展，遴选适应研究的重大科学问题，集中优势资源进行理论创新，力求在重点关键科学问题、重大关键技术上实现重点突破，以点带面，推动学科的发展。

国际上目前提出"整体转型"的概念，这就要求在适应的同时要考虑与减缓的结合，需要寻找考虑不同时间和空间的最佳适应路径。加强适应科技的支撑和先导引领作用，构建一个对气候变化的冲击具有强恢复力的社会经济系统，是全球可持续发展的必然选择。

5.3.3.5 充分发挥温室气体减排增汇与气候变化适应的协同作用

限制温室气体排放是当前国际社会应对气候变化的行动以及相关科学研究的主要关注点和着力点，但对于综合考虑不同国家集团历史排放责任和未来发展空间的公平减排方案，增加温室气体的吸收汇以及气候变化适应的科学技术研究十分薄弱，亟须大力加强。强调适应与减缓并举、减排与增汇并重，是提升全球变化与可持续发展关系研究整体性与综合性的当务之急，直接关系到发展中国家的切身利益和发展空间。当前，急需研究以下几个方面的问题：

一是目前缺乏相对公平的综合考虑不同国家集团历史排放责任和未来发展空间的减排方案，并且在衡量国别间温室气体排放时也未考虑国际碳转移等因素，忽视了我国和发展

中国家的发展权益。

二是陆地和海洋碳汇在应对气候变化中的作用未受到充分重视，地球工程减缓气候变化效果的研究刚刚起步，这些都可能在工业减排以外形成新的应对气候变化思路。

三是通过提高防御和恢复能力为目标的适应行动，可以减缓温室气体排放的压力，为人类社会发展的低碳转型赢得时间与空间。

总之，研究减排措施中的减排责任、方案和公平性，定量评估陆地和海洋增汇潜力，模拟地球工程减缓效果，分析全球变化适应机制等对于应对全球变化和促进可持续发展具有重要的战略意义。

第6章　中国适应气候变化技术发展路线图研究

适应气候变化包含三个层面，由气候变化影响与风险、适应技术体系、适应技术实施组成，最终目标是构建有序适应气候变化的综合战略。基于趋利避害原则，以有序适应理念为根本，开展气候变化适应。此过程中包含三个主要步骤：第一，明晰适应起点，即气候变化对不同领域的影响，并开展脆弱性与风险评估，明确不同区域、不同领域面临的气候变化关键问题，为有针对性地确定适应技术奠定基础。第二，进行技术研发，结合脆弱性与风险评估结果，梳理农业、水资源、生态系统、海岸带等不同领域适应气候变化技术清单，对适应气候变化技术的适用性进行分析，并对未来需求开展评估，构建不同领域适应气候变化技术综合技术体系。第三，技术应用示范，综合适应气候变化关键技术，开展适应技术应用示范。针对不同领域、不同区域的气候变化影响与风险，提出具体而明确的适应气候变化技术应用示范方案，建立应对气候变化试点示范基地，提出可供选择的适应对策与技术。通过上述适应行动的三个步骤，最终目标服务于构建中国有序适应气候变化的综合战略，为我国推动适应气候变化提供有力的科技支撑。

6.1　适应气候变化共性技术

开展气候变化适应工作，首先面临如下三方面的问题：

(1) 过去已发生以及未来将发生怎样的气候变化？

(2) 如何评估气候变化所产生的影响？

(3) 如何评估未来气候变化的风险格局？

为解决上述三方面问题而发展的技术手段，是所有领域或部门开展适应工作所共需的，可谓气候变化适应的共性技术基础。

6.1.1　气候变化及极端事件的检测和预估技术

6.1.1.1　检测技术

从观测资料中定量地检测或判别气候变化，是评估气候变化影响的基础。气候变化的检测，是要展示某个气候要素的变化在统计意义上超越了气候系统内部变率，并定量表述该显著变化。

均一化技术。检测技术首先要确保观测资料反映真实的气候变化，即要排除观测资料中非气候因素所致的偏差（李庆祥等，2003）。这就是所谓的气候序列均一化技术。长期气候观测序列不可避免地经历各种观测系统变更的影响，例如测站迁移、仪器更新、观测规则的改变等，都可导致观测序列前后不同时段之间难以进行确切比较。均一化就是要校订那些非气候因素导致的偏差，确保气候序列反映真实的气候变化过程。

城市化气候效应的检测技术。很多长期气象观测是在城市范围或附近进行的，必然受到城市发展所致的局地气候效应的影响（任玉玉等，2010）。比如城市热岛效应增强会导致局地气温观测序列中存在一个额外的增暖信号，这对检测或判别大尺度气候变化而言是一种局地性的干扰信号。而检测或判别这种局地信号，也为发展城市局部气候变化的应对方案提供必要的决策基础。

极端天气气候事件的检测技术。相对于平均气候态的变化，极端事件更是人类社会需要适应的重要对象。由于极端事件是小概率的，必须基于大量观测资料来加以判别（任国玉等，2010）。通用的极端气候指数包括雨季最大降水、夏季最高温度、干旱期等。运用年、季气候指数，一定程度上避免了逐日或更高分辨天气气候资料较难以获得的困难以及短期天气过程随机性对于统计检测的影响。

如果资料足够多，就有必要运用更严谨的统计检测技术。例如，基于逐日观测资料的非平稳极值理论（GEV）拟合、一般线性模拟（GLM）以及利用平稳随机天气模拟器反推非平稳的气候变化特征等。这些技术手段理论上都已成熟，但在气候变化检测领域还需根据具体问题来加以有效地应用。基于成熟理论，发展软件化的分析技术工具，有助于各界开展适应气候变化特别是极端天气气候事件的工作。

6.1.1.2 资料同化技术

融合，是把多种不同观测来源的气候资料（如常规气象观测、卫星遥感等）综合起来形成一套更完整的气候资料。

同化，则需基于（有限）观测利用气候模式重新计算形成一整套的（全球或区域）气候资料场。

目前我国在这两个方面的技术手段都亟待发展，以充分利用现有的各种观测资源。

6.1.1.3 预警技术

极端天气气候事件的预警，有助于减缓和防止灾害性事件的不利后果。利用现有的天气气候预报技术，结合日新月异的现代通信和大数据分析技术，构建有效的城市和更大区域的灾害性事件预警系统，具有广阔的应用前景。

进一步地，对于不同人群或用户，特定天气气候事件的灾害性可以是完全不同的。因而，有必要发展针对特定用户的专业预警系统。

6.1.1.4 预估技术

关于未来气候变化情景的预估技术，按照适应工作的需求，可分为全球、区域和局地三个方面来加以总结。

全球预估。目前主要是根据 IPCC 发布的多种排放情景（特别是《第五次评估报告》

中采用 RCPs 排放情景），演算出相应的大气辐射强迫，加入全球气候模式对未来气候变化进行预估。通过世界气候研究计划（WCRP）制定的耦合模式比较计划（CMIP），全球多国数十个全球气候模式共同开展了包括过去千年以来直至未来数百年的一系列模拟试验（Meehl et al.，2007；Taylor et al.，2012）。这些模式模拟结果各不相同，为合理应用这些全球气候变化情景，目前学术界已发展了多种集合分析技术。

区域预估。由于全球模式分辨率相对较低，对区域尺度气候变化的模拟效果难以满足实际需求。更重要的是，一些区域尺度的发展情景（如我国一些地区的快速城市化发展）很难在全球模式中得到如实反映。因而，发展或运用高分辨区域气候模式模拟技术，不仅是对全球模拟进行降尺度分析的一个重要手段，还可为解决更具体的区域气候变化适应问题（如减小和适应城市化造成的局部气候增暖效应）提供更直接可靠的科学基础（刘鸿波等，2006）。此外，区域气候模拟还有助于提供极端天气气候变化的情景预估，例如北京 7·21 特大暴雨等事件。

统计降尺度技术。解决区域乃至局地气候变化尤其是极端天气气候变化情景预估的重要手段。现有气候模式能较好地模拟出一些大尺度气候过程，却难以直接表述局地的气候变化特别是极端事件的变化信息。统计降尺度就是要通过局地观测和大尺度气候过程的联系进一步确定局地情景（范丽军等，2005），比如当地极端气温、暴雨、干旱等的发生频率和强度。这些局地的极端事件演变特征才是影响评估和适应对策更直接地需要考虑的对象。

6.1.2 气候变化影响评估技术

目前，国内外已形成的气候变化影响评估技术，主要包括根据清查、普查、遥感等手段的观测技术，借助实验装置的模拟技术，日益精良的生态、水文数值模型以及统计模型等。IPCC 发布的五次评估报告以及国内新近完成的《第三次国家气候变化评估报告》，高度集成了近年主要领域气候变化影响研究成果，为影响评估提供了某种标杆。

6.1.2.1 观测技术

实地观测与调查技术是揭示特定领域响应气候变化的基础手段。如在 IPCC 评估报告中，基于 75 项研究成果，集成了近 40 年各地自然系统（冰雪、冻土、水文和海岸带）和生物系统（陆地、海洋、淡水生物系统）的约 29 000 个资料序列。结果表明许多自然和生物系统发生了显著变化，如冰冻范围退缩及伴生的冰川湖泊扩张、河湖水温增加而影响水系统改变、陆地生态系统中春季物候提前、物种向两极和高海拔地区推移、海平面上升导致海岸带环境风险增大、海温升高导致珊瑚更加脆弱等（IPCC，2013）。

6.1.2.2 实验技术

实验技术是展示气候变化对动植物影响过程的重要手段。近年来，各种实验模拟装置和技术得到迅速发展。例如不同生态系统的开顶式同化箱（OTC）升温实验、自由 CO_2 气体施肥实验（FACE，Free Atmospheric CO_2 enrichment）、移地实验（TSSV）和多因子控制实验等（牛书丽等，2007；Hoosbeek et al.，2006；Ineson et al.，1998）。该类技术的应用，例如将典型物种研究成果应用到生态系统、景观或区域尺度，尚需深入研究。

6.1.2.3　机理模型

机理模型被广泛应用于各领域气候变化的影响评估及对未来影响的预估，例如区域生物地球化学模型（Century、DNDC）、陆面生物物理模型（AVIM2）、生物地理模型（BIOME4、MAPPS）、动态植被模型（IBIS、LPJ）、农业作物模型（DSSAT、CERES、SUBSTOR）、分布式水文水资源模型（VIC、SWAT）等（赵东升等，2006；李长生，2001；吴绍洪等，2007；林忠辉等，2003；徐宗学，2010）。

由于气候变化影响受体的复杂性及响应的时滞性，使气候变化的影响具有不确定性。基于区域尺度，选择综合集成方法进行气候变化对重点领域影响和适应的定量评估是一个可行的发展方向，需要发展观测实验、野外调查与多情景分析、多模型模拟、整体与个体相结合的综合集成评估方法，以减少气候变化影响评价的不确定性，揭示区域系统脆弱性和适应性机制，进而为发展有效的适应技术提供依据。

6.1.2.4　技术应用

综合观测技术、控制实验及统计分析的手段，已普遍应用于农业、水资源、生态系统、海岸带、能源等领域的气候变化影响评估。例如，根据过去 50 年中国气候、种植制度、主要粮食作物产量等，识别气候变化对作物影响的关键要素和关键生育阶段，进而总结气候变化对粮食生产影响的规律；基于气候和水文资料分析及机理研究，揭示近 50 年来主要河流径流对气候变化的响应及其区域差异；基于样带调查和空间分析，辨识气候变化对生态系统影响的时空特征、脆弱性、适应性（杨晓光等，2010；夏军等，2011；朱建华等，2007）。

对于未来气候变化的影响预估，以气候情景数据驱动机理模型是常用的方法。例如基于模拟的气候情景，与作物模型、水文模型、生态模型等结合，以预估未来气候变化对作物产量、水资源量、生态结构和功能等的影响。

6.1.3　气候变化风险预估技术

风险是不利事件发生的可能性及其后果的组合，其核心是未来结果的不确定性和可能损失，即不利事件发生的数学期望。对于气候变化风险来说，其可能性即未来不利气候事件发生的概率；而不利后果则是特定不利气候事件的负面影响。可以通过降低不利气候事件发生的可能性与其后果两方面来实现对气候变化风险的管理与防范。下面从两个角度阐释气候变化风险评估技术的发展框架。

6.1.3.1　突发性事件

一旦发生即在短时间显现出危害和不利后果，气候变化因素相当于自然灾害中的致灾因子——"灾害风险"。

将气候变化当作自然灾害中的致灾因子看待。按照自然灾害风险评估的机制，由破坏力或承灾体损毁标准、承灾体的暴露度（E）、灾害发生的可能性或孕灾环境（P）三个成分构成气候变化的风险。气候变化灾害风险评估模型可表述为

$$R = (D \times E) \times P$$

即风险＝（致灾因子破坏力）脆弱度×（承灾体）暴露量×发生可能性或孕灾环境。承灾体损毁标准是指承灾体本身由自然、社会、经济和环境因子所决定的对其所遭受的自然灾害的物理损毁标准，综合反映了承灾体在自然灾害或气候变化发生过程中能否损失或损失多少的"能力"。承灾体的暴露度，是特定灾害事件发生时所影响的承灾体的程度，是灾害事件影响范围和承灾体分布在空间上的交集。灾害发生的可能性或孕灾环境，是指某一自然灾害事件在特定时间在某个给定区域内发生的可能性，主要是由灾害事件的规模（强度）和活动频次（频率）决定的。

基于对灾害风险上述三要素的剖析，可根据承灾体响应特征差异，将不同灾种风险评估分为"面向类型"的灾害风险评估和"适用区域"的灾害风险评估。前者是指某一等级强度的特定灾种发生后，对承灾体的影响程度与幅度是可控的，即对应特定灾害等级的损失标准是相对确定的。后者主要是考虑到自然地理与人文环境的区域差异性，即使是同等强度的灾害发生后，不同地区的损失程度明显不同，例如由于各区域地形、人口密度和经济水平差异很大，即使同等强度的风暴潮对不同区域的影响差异明显，我国沿海风暴潮灾害脆弱性由大到小的区域排序为：山东>天津>福建>广东>广西>辽宁>江苏>浙江>海南>河北>上海（李琳琳，2014）。

6.1.3.2 渐变事件

当外部驱动引起的受体状态超过某个阈值，导致不利影响，即产生风险。这一类风险往往出现于生态系统过程，其特征是，气候变化因素既是致灾因子，同时又是生态系统的动力。此类风险主要应用生态机理模型对生态系统进行模拟，依据生态阈值，结合碳源汇发展趋势，确定生态系统风险的产生。

未来气候变化会对生态系统产生诸如生态区域的转移、生物物种与生境的损失以及生态系统功能和结构的破坏等风险。除了灾害内容（如极端天气气候事件、林火、病虫害等），生态系统生产力相关风险无法按照自然灾害的方法论来评估。将生态系统的脆弱性（生态系统功能和结构破坏的程度）作为非愿望事件发生的后果程度，按照风险管理的定义，气候变化即为致灾危险性因子，生态系统为承灾体，而气候情景即是气候发生变化的可能性，三者构成了气候变化的风险。由此，生态系统风险评估仍可沿用灾害风险评估的主要因素：致灾因子危险性、承灾体脆弱性、暴露量等。但是，由于气候因子既是生态系统生产的动力，同时又是其致灾因子，以及考虑到生态系统的弹性恢复力，因而引入阈值的概念来评估其风险。

当生态系统受到环境的胁迫时，结构、功能、生境可能发生变化（IPCC，2014）。其响应与胁迫的幅度和速率有关，与生态系统生物因子本身的稳定性也有关，生态系统所承

受的压力与胁迫的速率与幅度成正相关关系。另一方面，生态系统自身具有抗干扰的弹性恢复能力，对外来胁迫进行调节，经过一定过程，系统可能适应或恢复。但如果环境胁迫的速率或幅度超过生态系统的调节能力，则系统将变得脆弱或甚至发生逆向演替。

6.1.4 适应气候变化共性技术发展形势

6.1.4.1 气候变化影响评估技术作为适应基础的定量化程度不够

从21世纪以来国际气候变化研究的趋势看，脆弱性和适应性研究被提升至前所未有的高度。对于区域生态系统而言，弹性恢复力、脆弱性、稳定性和适应机理在气候变化研究中尤为重要。国际上一系列重大研究计划和组织机构逐渐关注脆弱性和适应性在应对气候变化中的重要作用，如英国的Tyndall气候变化研究中心、欧洲的AIR-CLIM项目、澳大利亚政府和自然资源管理理事会提出增加自然生态系统和物种弹性、南非政府提出的生物多样性保护计划等。尽管已有大量的观测调查、控制实验、机理模型和统计模型应用于气候变化影响研究，但多数研究仍局限于"现象对现象"（IPCC，2012）。关于自然生态系统的脆弱性、稳定性和适应性的研究尚处在定性描述阶段，缺乏机理研究和定量评估，进而导致气候变化适应原则之"趋利避害"中的"利"、"害"难以定量化。

6.1.4.2 气候变化影响的分离技术亟待加强，才能满足适应的针对性

应对气候变化行动，需要对气候变化影响及其空间格局有全面、系统、综合的认识。在多数情况下，气候变化本身及其他驱动因素，比如人口、经济、土地利用和技术等因素的变化相互影响，影响和脆弱性也是不断变化的。能否分离气候变化和人类活动的影响是制约适应行动有效开展的重要瓶颈。由于气候变化影响的复杂性，同时受认识水平和分析工具的限制，目前的很多有关我国气候变化影响的评价存在较大的不确定性，还不能为适应气候变化技术研发与政策制定提供有效的科技支撑，制约了应对气候变化行动。因此，迫切需要开展气候与非气候影响因素的检测与归因的技术研发与应用。

6.1.4.3 情景、模式存在不确定性，未来适应的"险"评估不足

由于气候系统的复杂性以及人类认知的局限性，目前关于气候变化对重点领域影响与风险的程度和范围，还存在较大不确定性。气候变化及其风险预估的不确定性，主要来源于未来气候变化的排放强迫情景的不确定性以及现有气候系统模式所用参数的不确定性。未来的排放路径是根据对未来社会经济发展的预估来确定的，社会经济系统发展的不确定性是很大的。现有气候模式中的各种物理、化学、生物过程参数化方案并不完善，导致所模拟的气候变化情景预估也存在不确定性。理想的气候系统模式还应有能力把人类活动（包括适应行为）作为相互作用的一个因素加以表述，目前这方面已有探索，但进展缓慢。气候系统模式的不完善及其对未来情景预估的不确定性，无疑是制约风险评估和适应决策的重要环节。

6.2　适应气候变化技术发展路线图

6.2.1　适应气候变化关键技术及其适用性

《第三次气候变化国家评估报告》指出气候变化影响受体涵盖范围广泛，涉及自然生态系统与社会经系统的多个方面，如农业、陆地生态系统、水资源、冰川、海岸带、以及人体健康、不同产业、工程建设和区域发展等。因此，本节将遴选重点领域，在总结适应气候变化存在问题的基础上，凝练适应技术措施以及这些措施的适用性。

6.2.1.1　气象

1）适应的问题

多尺度、多类型气候变化（包括趋势变化及其反转、百年冷暖期变化、气候突变）与极端事件（包括不同时空尺度、不同强度的极端事件概率分布密度函数）变化的联系机制及其时空差异；全球和区域气候模式中年代际气候变化预测的时空分辨率和不确定性问题，未来 10～30 年中国气候变化趋势与极端事件的变化趋势及其区域差异；重大气象水文灾害危险性综合评估方法论与技术体系，中国重大气象水文灾害的危险性高危地区识别。

2）适应技术措施

（1）气象灾害及其风险形成机理的科学试验与综合数据系统建设技术。针对暴雨、强对流、台风、强雷暴等典型灾害性天气，开展外场综合观测试验；建立基于风云卫星、高分辨资源卫星、北斗导航系统等非常规观测资料系统；发展地基–空基–星基多源气象资料快速融合与实时同化新技术。研究典型灾害性天气系统的精细结构特征、触发机制、发展演变规律等成灾机理；提高中小尺度灾害性天气模式的短临预报、预警能力。

（2）气象、水文新型传感器及观测装备与天地空一体化、全天候气象监测预警综合系统。建立多功能大型云实验模拟平台，促进云和降水物理及起电机制研究中核心基础理论突破；开展人工增雨防雹、人工影响雾霾可控实验研究，发展具有原创性的新理论、新方法；发展网络化全固态 X 波段多普勒雷达系统（吴海军等，2014），在暴雨、山洪、冰雹和雷暴多发地区密集部署；研发相控阵多普勒天气雷达系统，实现对强对流、强风暴天气系统的快速扫描探测（王志武和杨安良，2015）。

（3）中小尺度天气系统发生发展机理和暴雨灾害预报技术。发展能反映积云对流自组织过程的新一代云物理参数化方案数值天气预报模式系统；发展中小尺度观测资料以及多源卫星、多种气象雷达等遥感资料的快速循环融合及同化技术方法；完善的集合动力因子暴雨预报和集合预报方法和技术，极大提升我国暴雨预报水平。

（4）强对流系统的形成机理与云微物理过程检测技术。发展适合于强风暴数值模式的从简单的单参数云微物理方案到复杂的双参数云微物理方案直至最新的三参数云微物理方案；研究我国强风暴形成的微物理与动力相互作用过程；研究不同环境条件下中尺度对流系统的组织结构特征和发展关键环境因子的特征和异同；改进影响中尺度对流系统的发生发展和组织结构特征的云微物理特征的参数化方案。

（5）人工调控天气的理论和技术。利用自然控制论的观点，构造以自然控制论思想为核心的人工影响天气数值模式决策系统；建立观测资料的实时同化技术，对不同的观测资料所用的同化方法和技巧进行研究，特别是发展多种雷达回波探测资料的快速同化技术，为人工控制天气数值决策系统提供可靠的基础数据和比对数据。

3）适应技术适用性

（1）气象灾害及其风险形成机理的科学试验与综合数据系统建设技术。为深化极端气象、洪涝、干旱灾害预测及其风险形成机理研究提供重要的基础数据，提高灾害性天气短临预报能力，以多种探测技术手段的观测试验和数据融合为基础、以理论研究和模式发展为主要手段，积极推进典型灾害性天气过程和机理科学认知的创新和应用。

（2）气象、水文新型传感器及观测装备与天地空一体化、全天候气象监测预警综合系统。以室内实验研究和网络化观测研究和探测技术手段研发为基础，配合以重点地区和重点时段的试验数据，积极推进云物理和人工影响天气基本原理创新以及强风暴过程和形成机理科学认知，并为天气系统的数值模拟和人工影响天气调控提供关键的科学技术支撑。

（3）中小尺度天气系统发生发展机理和暴雨灾害预报技术。该研究针对社会发展对精细天气预报以及防灾减灾对突发性致灾暴雨的巨大需求，结合多种地基和空基的观测资料和各种试验数据，进行有关中小尺度数值模式和动力学理论研究。最终实现显著提高我国大暴雨的预报预警水平及准确率的目标。

（4）强对流系统的形成机理与云微物理过程检测技术。以探测技术手段的研发和融合为基础、以理论研究和模式发展为主要手段，积极推进我国强对流系统的形成机理和云微物理过程和机理科学认知的创新和应用，为灾害天气系统预警和人工影响天气调控重大措施制定等方面提供关键的科学支撑。

（5）人工调控天气的理论和技术。利用自然控制论原理，发展集短时精确预报、作业时机优化选择、作业方案优化决策及作业效果评估为一体的降水云人工影响天气技术系统，形成从探测、决策、催化作业、作业效果相互反馈的新思路，构建出人工影响天气调控决策新系统。

6.2.1.2 农业

1）适应的问题

气候变化已经对全球粮食生产造成了影响，包括食物可利用性，食物可得性，食物系统稳定性等。温度、降水变化长期时间尺度上影响整个食物系统稳定性，而极端气候事件增加使食物生产系统安全状况进一步恶化。气候变化已经并将影响食物安全在产生、配给和使用各层次上的状况及其区域差异。

2）适应技术措施

（1）农田基本建设（水利、基础设施等）技术。加强水土保持、生态环境综合治理，增强农业系统应对气候变化的物质基础与适应能力。促进土地流转和适度规模经营，推进农村合作经济组织的发展，加强农业的社会化服务体系，提高农业的产业化水平。加快农业机械化与现代化进程。在经营管理层面上建立适应气候变化的响应机制。

（2）作物抗逆（抗旱、耐涝、耐高温、抗病虫等）品种选育技术。按照预先的设计对生物或生物的成分进行改造和利用的技术，使之适应气候变化及其影响，主要包含遗传育种技术（杂交育种、突变育种、转基因育种、分子标记等）、细胞工程技术与组织培养技术等（黎裕等，2010；汪勋清和刘录祥，2008；张东旭等，2011）。从基因、细胞层面，挖掘并调整作物适应气候变化能力，是作物应对气候变化的关键技术。

（3）农业病虫害防治与自然灾害应对。针对病虫害问题，通过生物技术或传统的育种技术增加寄主植物对病虫害的抗性，在监测预警的基础上，使用杀虫剂、杀菌剂和除草剂处理来防治作物病虫草害（钱凤魁等，2014）。由于气候变化，以往相对较弱的灾害出现了强势影响特征，如倒春寒、低温冷害、高温等，因而需要提高气象灾害监测预报准确度和灾害预警时效性，发展自然灾害风险管理机制。

（4）农业种植结构调整技术。针对气候变化所带来的影响，对一个地区或生产单位作物种植的品种、布局、配置、熟制进行调整，使之与气候变化相适应（蔡运龙，1996），包含作物种植的时空分布、种类、比例、一个地区或田间内的安排、一年中种植的次数和先后顺序等方面，如华北冬小麦–夏玉米套改平、长江中下游双季稻改制、东北水稻玉米扩种。运用农作物生产的技术与原理，通过调节作物群体或个体以增强对气候变化的适应能力，分为应变播种技术（抗旱播种、防涝播种、适时播种等）、应变耕作技术（覆盖抗旱技术、耕作保墒技术、抗涝耕作技术等）、应变栽培技术（土壤结构改良技术、管灌、喷灌、滴灌等节水灌溉技术、以肥调水技术、肥料保持及防淋失技术等）、灾后补救技术等。

（5）农业适应气候变化风险分担补偿技术。可以划分为农作物保险与收获期农作物保险（李文平，1996）。作物保险以稻、麦等粮食作物和棉花、烟叶等经济作物为对象，以各种作物在生长期间因自然灾害或意外事故使收获量价值或生产费用遭受损失为承保责任的保险；收获期农作物保险以粮食作物或经济作物收割后的初级农产品价值为承保对象，即是作物处于晾晒、脱粒、烘烤等初级加工阶段时的一种短期保险。

3）适应技术适用性

农田基本建设（水利、基础设施等）技术、作物抗逆（抗旱、耐涝、耐高温、抗病虫等）品种选育技术、作物应变耕作栽培技术、农业种植结构调整技术、作物病虫害防治技术、农业适应气候变化保险技术等从农田基本建设、品种、农艺、种植结构、病虫害、保险六个方面阐释了农业适应气候变化的关键技术，可以适用于农业生产所覆盖的大多数区域。

对于农业适应气候变化，某类单一技术并不能起到很好的适应效果，在适应过程中往往需要对多类适应关键技术进行有机组合形成综合适应技术体系。气候变化影响下，我国不同区域的农业气候资源、农业气象灾害、病虫害等都在发生变化，针对不同区域的气候变化对农业影响风险，优化筛选并组装形成区域性不同作物适应气候变化技术体系，是农业领域适应气候变化的有效途径。从气候变化所带来的平均趋势与极端气候事件角度来看，为适应气候变化引起的农业气候资源变化，适宜采用农田基本建设（水利、基础设施等）技术、农业种植结构调整技术与作物应变耕作栽培技术；为适应气候变化引起的极端气候事件（农业气象灾害、病虫害等）变化，适宜采用农田基本建设（水利、基础设施等）技术、作物抗逆（抗旱、耐涝、耐高温、抗病虫等）品种选育技术、作物应变耕作栽培技术、作物病虫害防治技术与农业适应气候变化保险技术。

6.2.1.3 陆地生态系统

1）适应的问题

陆地自然生态系统是陆地生物与所处环境相互作用构成的统一体，主要包括森林、草原、湿地和荒漠等。生态系统服务与生物多样性是社会经济发展的基础。研究表明，气候变化将通过影响生态系统的结构从而改变其服务功能。气温升高、降水变化、气候波动增强、极端气候事件频发等影响着生态系统的生物多样性与生物地球化学循环过程，对生态系统的供给、支持、调节、文化功能均造成重大威胁，进而制约社会经济可持续发展。

2）适应技术措施

A. 森林

（1）气候变化对森林生态系统影响与风险检测技术。发展土、水、气、生物系统化的观测系统，完善并细化生态站通量观测的指标，建立森林生态系统各要素对气候变化响应的定位连续观测技术。开发气候变化对森林影响评估系统，研究森林生态系统与气候相互作用，辨识气候变化对森林生态系统多功能的协同效应。建立气候变化对森林影响分离技术，气候变化对重点林业工程建设影响评价技术，气候变化对森林生态系统多样性和稳定性影响的阈值检测技术。

（2）森林生态系统自适应性保护技术。辨识各类森林群落自然演替机制、森林变化和物种竞争对气候系统的反馈机制，构建森林生态系统自适应保护技术。集成群落结构优化技术，构建适应性高且抗逆性强的人工林生态系统。森林适应种、脆弱种、濒危种的监察、保护与迁移技术。

（3）森林灾害的预警和防治技术。建设高精度森林灾害影响要素动态数据库，开发森林林火和病虫害等灾害的快速评估及预警决策支持平台。集成森林灾害综合防控技术，控制灾害影响范围和程度。森林有害生物对气候变化的敏感性辨识技术。建立对气候变化敏感的有害迁入种检测及防治技术。

（4）森林生态系统固碳增汇与减排经营技术。构建典型森林生态系统的碳库及碳汇能力评估技术，迅速固碳和高度固碳品种的选育和应用推广技术。发展碳汇、碳税计量技术，建立增汇管理技术体系和森林碳交易系统平台。完善碳储量及碳汇预测模型，尤其是土壤碳的动态计量与预测技术。高碳汇潜力森林保护与低产低效林改造技术。森林减排的经营技术，造林活动导致的温室气体减排技术。

B. 草原

（1）草原生态系统气候变化影响综合评估技术。以长期定位研究数据、空间调查数据、全国网格化气象数据、草原畜牧业生产经济数据和遥感影像数据为基础，结合 GIS 技术、大数据技术、物联网技术等，研发植被生态系统遥感数据同化系统、植被生产参数的时空变化检测与分析技术、草原气候变化敏感性评价技术、草原极端气候风险评价及预警技术，并在草原不同地区进行应用和推广。

（2）面向干旱的栽培草地节水改良技术。栽培草地节水改良技术主要用于解决干旱对牧草栽培的限制作用（程荣香和张瑞强，2000）。利用农业喷灌、滴灌技术，结合对不同牧草品种的生产力动态和水分生态环境效应分析，研发土壤水分简册及优化技术，人工牧草高效节水灌溉系统优化技术；建立栽培草地节水改良示范区进行广泛应用和推广，形成数字化牧草栽培节水体系。

（3）草牧业生态经济系统适应性管理技术。以草原共管与公众参与为手段，通过参与式行动性研究与时间途径，对草原经营权进行分配，建立草原社区管理模式示范区、草原共管模式示范区，并在草原区域试行推广，从适应性管理技术层面解决草地低碳排放–高生产力管理的技术瓶颈，显著提高草地生产效率。

（4）草地生态系统固碳增汇技术。结合空间技术、全球温室气体监测的卫星系统，研发草原碳源汇遥感综合监测技术，建立天地一体化草原温室气体立体监测系统与碳汇计量和决策支持系统，研发草原生态系统碳储量估算模型、草地生态系统固碳潜力模型；通过设计实验深入研究草地土壤改良、人工种草技术、围封草场、适度放牧和鼠虫害治理等技术对草地生态系统固碳增汇的促进作用，并通过核心技术转化形成技术规范，在草原地区进行推广和应用。

C. 湿地

（1）健康湿地技术体系。通过维持和提高湿地的生态完整性，保护和恢复湿地健康，从根本上提高湿地对气候变化的适应性，包括濒危水鸟人工巢适应技术、种质资源恢复重建技术、入侵种去除技术、微生境构造技术、人工食物网抚育技术等。重点是维持生物多样性、生态系统完整性。

（2）负碳湿地技术体系。通过增汇减排措施，实现湿地碳的零排放和净吸收。如泥炭地碳封存技术、甲烷减排技术、水分管理技术、养分管理技术等，通过湿地土壤有机碳密度提高显示技术效果。本项技术的实施，对适应气候变化将进一步发挥湿地在固碳减排中的积极作用（段晓男等，2008）。

（3）节水湿地技术体系。旨在开源节流，通过技术集成，提高外供水资源利用效率、减少内部水资源损耗、增强湿地极端旱、涝能力，包括：冰雪融水资源化技术、雨洪资源化技术、错时节水技术、沟渠集水回归湿地技术、湿地降低蒸散发技术、区内湿地水力连通技术、多源–多向调水技术等。

（4）水陆交互生态复合资源利用技术体系。本技术体系通过生境改良、农产品抵御极端天气的育种和栽培、水土优化配置等达到湿地稳产的目标，包括湿地合理布局技术、湿地地貌修饰技术、湿地水文调控技术、湿地复合生态农业技术、湿地立体养殖技术等。

（5）EBA 湿地管理技术体系。将"基于生态系统的适应"（ecosystem- based adaptation，EBA）概念应用到湿地气候变化适应领域（李晓炜等，2014），重点是湿地适应气候变化立法、湿地适应气候变化战略、湿地适应气候变化规划、湿地气候变化风险评估技术、湿地生态补偿技术、面向气候变化的城市湿地规划技术等。形成管理技术手册、行业规范、法律法规。

D. 荒漠

（1）气候变化对荒漠化的影响评估技术。通过比较研究区 NDVI 的变化趋势并分析其与气候变化之间的关系，定量化的评估气候变化对荒漠化的影响，运用灰色关联分析法对荒漠化驱动因素中自然和人为因素进行定量分离（高辉巧等，2009），利用未来不同气候变化情景，对不同气候变化情景下的荒漠化风险进行评估。

（2）气候变化下荒漠化精细化模拟与预估技术。将荒漠化地区土地利用变化与气候变化进行系统耦合，针对气候变化影响的过程和要素，改进模拟技术，重点突破气候变化对绿洲、边缘地区土地类型变化的影响模拟，建立气候变化下荒漠化精细化模拟模型，并预估未来气候变化对荒漠化地区土地变化的影响。

（3）荒漠化对气候变化适应能力评估技术。在气候变化对荒漠化影响和风险分析的基础上，建立荒漠化气候变化适应能力评估的框架，针对年气温和降水量的变化，建立气候变化的适应能力的评估技术。

（4）荒漠化地区土地利用、产业结构、产业转型技术。退耕还草还牧，实行休牧轮牧，加强对草场的保护；合理规划干旱区水资源的利用，解决水资源过度利用导致的土壤沙化；促进产业结构转型，转变干旱区能源利用结构，发展光伏产业，促进太阳能、风能等清洁能源的利用。

E. 生物多样性

（1）适应气候变化的生态系统多样性监测和恢复技术。构建生态系统多样性监测技术监测生态系统组成成分的植物、动物和土壤微生物变化动态和生态演变规律；生态系统廊道构建技术，增加不同生态系统和保护区域间的连通性，同时增加对受气候变化影响最小的避难所区域或迁徙廊道的保护；生态系统恢复技术。

（2）基于景观遗传学的物种和生境保护技术。通过定量研究景观空间异质性与种群空间遗传结构及种群进化之间的关系，分析物种的濒危机制和适应气候变化的保护技术；构建适应气候变化的种质资源避难所；构建适应气候变化的基于景观遗传学的生境保护与管理技术；确认种群遗传保护单元，避免濒危物种因为近郊衰退而导致的漩涡式灭绝（任文华等，2002）。

（3）适应气候变化的濒危植物解濒技术和迁地保护技术。针对气候变化加剧了濒危植物生境和种群面临的威胁，研究其环境需求和繁殖机制，建立濒危植物品种气候适应性筛选指标体系，研发适应气候变化的濒危植物解濒关键技术，开展以迁地保护为基础的人工繁育技术、近自然保护技术及种群复壮关键技术研发。

（4）适应气候变化的生物多样性保护区网络构建与管理技术。在优先区尺度，考虑物种的迁徙和植被的演替尺度，建立保护区网络，促进生物多样性对气候变化的适应空间，主要包括：大尺度保护区群内保护区网络的建立技术；适应气候变化趋势和极端气候变化事件的指示物种迁徙规律，栖息地恢复和重建技术；适应气候变化的廊道构建、跨界管理和监测巡护体系建设；适应气候变化的自然保护区群总体规划和管理计划编制技术研发发；适应气候变化的社区参与式生物多样性保护技术研发。

3）适应技术适用性

A. 森林

在典型森林类型分布核心区重点加强森林生态系统固碳增汇与减排经营技术，森林生态系统定位观测技术，森林生态系统响应气候变化评估技术等。森林灾害的动态监测、预警和防治技术，主要适用于灾害多发区域，需针对不同地区灾害特点有针对性的进行灾害防治。在自然地理区的过渡区和未来气候变化引起植被迁移的过渡区域内增加自然保护区，加强森林生态系统多样性和稳定性保护技术以提高适应性。

针对生态脆弱区如矿区和气候变化显著区如干旱化区，发展森林的保护与修复技术。对新造人工林生态系统重点为固碳增汇技术、生长季洪旱等多发灾害的应对技术。在重点林业生态工程项目重点考虑碳汇计量技术、森林生态系统固碳增汇技术等。加大生态区位重要、生态系统脆弱地区森林自适应保护技术开发与示范推广。

B. 草原

栽培草地节水改良技术主要用于解决干旱对牧草栽培的限制作用问题。该技术主要适用于水分条件相对较好的人工牧草种植区，如东北草原区、内蒙古呼伦贝尔草原区。牧草品种优选、培育技术根据不同人工草地种植区特定的水热条件，因地制宜地选择该区适宜种植的牧草。如呼伦贝尔草原区较为适宜种植黄花苜蓿和杂花苜蓿。

草牧业生态经济系统适应性管理技术适用于基础设施条件较为完善的地区，草原区国营农牧场将是重要技术应用单位，例如呼伦贝尔农垦和黑龙江农垦等。放牧控制实验平台适用于畜牧业生态经济管理制度制定的研发环节，数字化牧场技术主要解决草原草–畜生态平衡、草地低碳排放–高生产力管理等关键领域。

草地生态系统固碳增汇技术适用于草原产业结构调整、畜牧业节能减排以及我国碳贸易等方面。不同草地增汇固碳技术在区域适用性上具有一定的差异性。例如，草地改良技术主要适用于土层较厚的牧区或农牧交错带，而围封草场技术主要适用于过度放牧区或草原植被覆盖较少的区域。

C. 湿地

（1）区域适用性。

冰雪融水主补给区：对气候变化相对最为敏感，适宜采用健康湿地技术体系、负碳湿地技术体系、节水湿地技术体系和EBA湿地管理技术体系。

降水主补给区：对气候变化较为敏感，适宜采用健康湿地技术体系、负碳湿地技术体系、节水湿地技术体系和EBA湿地管理技术体系。

混合补给区：对气候变化较中度敏感，适宜采用健康湿地技术体系、负碳湿地技术体系、节水湿地技术体系、水陆交互生态复合资源利用技术体系和EBA湿地管理技术体系。

地表水主补给区：对气候变化较不敏感，适宜采用健康湿地技术体系、负碳湿地技术体系、节水湿地技术体系、水陆交互生态复合资源利用技术体系和EBA湿地管理技术体系。

地下水主补给区：对气候变化相对最不敏感，适宜采用健康湿地技术体系、负碳湿地技术体系、节水湿地技术体系和 EBA 湿地管理技术体系。

滨海湿地区：对海平面上升最为敏感，适宜采用健康湿地技术体系、负碳湿地技术体系、水陆交互生态复合资源利用技术体系和 EBA 湿地管理技术体系。

（2）类型适用性。

禁止开发区湿地：以生物多样性保护为首要目标，兼顾水文调蓄和有机碳固定功能，适宜采用健康湿地技术体系、负碳湿地技术体系和 EBA 湿地管理技术体系。

优化和重点开发区湿地：以人工湿地为主，包括城市湿地等，以水文调节、景观和旅游休憩为首要目标，兼顾生物多样性保护功能，适宜采用投入较高规模较小的工程技术，如健康湿地技术体系、负碳湿地技术体系、节水湿地技术体系和 EBA 湿地管理技术体系。

限制开发区湿地：以农业湿地为主，包括水稻田、水产品养殖场、库塘、水渠等，以农业生产为首要目标，兼顾生物多样性和水文调节功能，适宜采用低成本可大面积推广的技术，如健康湿地技术体系、节水湿地技术体系和水陆交互生态复合资源利用技术体系。

D. 荒漠

中国北方存在大面积的沙漠以及沙漠化土地，由于地处干旱与半干旱区，该地区气候干旱，降雨量稀少，云量较少，植被稀少，地形复杂。而 NDVI 因其四点优势（一是在消弱大气和太阳高度角噪音的过程中表现优异，二是它具备有较高的植被覆盖度的检测范围，三是植被检测灵敏度较高，四是对由于植被群落或者高大地形带来的阴影和辐射干扰的应对能力较好），使其能够较好地适应于西北低植被区。

灰色关联分析应用于评估气候变化对沙漠化影响，通过比较沙漠化土地面积的变化趋势与气候因子的变化趋势之间的关系，来达到定量评估气候变化影响的目的。但受沙漠化监测数据的影响，作为因变量的沙漠化面积这一指标很难在空间上建立时间序列，因此灰色关联分析在时间序列研究上具有一定的局限性。

E. 生物多样性

适应气候变化的生态系统多样性监测和恢复技术适用性：以我国的天然林保护工程、退耕还林工程、防护林工程等为主要对象，结合已有森林样带系统，开展适应气候变化的生态系统多样性的监测和恢复技术研究。

基于景观遗传学的物种和生境保护技术适用性：在典型的区域如西北荒漠区、西南山地及东北林区，选择对气候变化敏感的濒危物种，如羚牛、野骆驼、黑熊、雪豹等，评估气候变化对物种生境面积和质量的影响，制定适应性的管理规划和对策，提出廊道构建方案，保持和恢复景观连通性，建立基于景观遗传学的生境保护与廊道构建技术。

适应气候变化的濒危植物解濒技术和迁地保护技术适用性：通过构建适应气候变化的濒危植物的扩繁与近自然保护技术，阐明濒危植物繁殖系统生态学机理，实现种群数量增长和遗传多样性复壮，建立多学科交叉的适应气候变化基础研究和适应综合集成示范基地。

适应气候变化的生物多样性保护区网络构建与管理技术适应性：气候变化影响不仅是影响到生物，同时需要考虑不同利益相关者，适应技术需要整体性地考虑生态系统的可持续，共享生物多样性的好处。在社会、经济和生态系统水平发展区域的生物多样性保护技术。在中国生物多样性保护战略与行动计划中的东北、内蒙古林区、青藏高原、秦岭山区等优先区，进行适应气候变化的生物多样性保护区网络构建与管理技术的应用试点。

6.2.1.4 水资源

1）适应的问题

水资源系统非常复杂，同时也对气候变化十分敏感，水资源及需水的时空分布均受到气候变化的直接影响，以往的气候变化与水资源的研究重点在气候变化对水资源的影响，特别是对自然水循环过程的影响，缺乏气候变化对社会水循环系统影响、水循环系统对气候变化适应能力与适应途径方面的研究，难以支撑水资源系统适应气候变化的实践需求。

2）适应技术措施

（1）气候变化对水资源系统影响评估技术。对江河源区、重点内陆河流域等气候变化敏感区，构建基于定点观测、遥感监测、统计调查等在内的基础数据监测网络；开展气候与植被变化等对流域水文循环过程、旱涝形成及演变过程、需水过程等的影响机理研究；将自然水循环与社会水循环进行系统耦合，重点突破气候变化对城市水循环影响模拟、气候变化对需水过程影响模拟，建立气候变化下水资源系统精细化模拟模型；建立气候变化对多尺度水资源影响评价及其不确定性评估技术体系。

（2）水资源系统对气候变化适应能力评估技术。在气候变化对水资源系统影响和风险分析的基础上，建立水资源系统气候变化适应能力评估的技术框架；针对洪水、干旱和供水安全三类主要问题，建立气候变化适应能力的评估技术，集成建立水资源系统对气候变化适应能力评估技术体系。

（3）面向气候变化适应的流域/区域水资源配置与水利设计技术。综合考虑气候变化对水资源量的时空分布、需水过程时空分布影响的基础上，将提高水资源系统适应气候变化能力作为水资源配置的一个优化目标，建立气候友好的水资源配置理论与技术。大型水库群汛限水位设计技术、气候变化下水库群旱限水位设计技术、复杂水网系统优化调度技术、城市群水源优化配置与调度技术等。

（4）气候变化驱动下水-能系统响应与适应性利用。分析极端气候条件下能源和水的响应特征，针对典型研究区定量评估主要气候事件驱动下水-能系统的综合响应；结合气候变化驱动下（常态和极端）的水—能系统响应，提出能源系统、水电系统和水利设施工程规划与运行的适应性措施。

3）适应技术适用性

气候变化对水资源系统影响评估技术。数据监测技术适用于观测数据严重不足的江河源区、中小河流上中游山区地区、内陆河流域等；气候影响机理研究技术适用于实验室或小流域尺度；精细化水资源模拟适用于我国人类活动强度最为显著的对特大城市和城市群和大江大河中下游地区；不确定性反洗重点应针对气候变化敏感的江河源、北方干旱缺水地区、南方易洪易涝区和内陆多发城市。

水资源系统对气候变化适应能力评估技术。主要适用于气候变化下供水安全评估、防洪安全评估、干旱风险评估等三个主要领域，其中供水安全主要针对于干旱半干旱地区、水源开发利用程度过高的华北平原、西北内陆河等地区；防洪安全评估主要适用于大江大河中下游两岸易洪易涝区、山洪高发区、内涝高发的大中型城市等；干旱风险评估主要适用于干旱半干旱地区。

面向气候变化适应的流域/区域水资源配置与水利设计技术。水资源配置技术主要适用于水资源开发利用程度较高的西北内陆河流域、海河流域、黄河中下游地区；南水北调、引汉济渭等大型调水工程受水区；严重缺水的大中型城市或城市群，如：京津冀地区等。水利设计与调度技术主要针对水库、堤防等工程的设计环节和工程调度运行环节，适用于受气候变化影响较为敏感的水利工程的设计规范和调度运行规则的调整。

气候变化驱动下水–能系统响应与适应性利用。该技术主要针对水与能源系统，包括水电开发、缺水地区水资源与高耗水化石能源的开发利用、产业节水与节能协调等领域。

6.2.1.5 冰川

1）适应的问题

近期研究进一步证实气候变化影响下，中国西部冰川处于萎缩状态，冰川厚度减薄，但存在区域差异，主要表现为海洋型冰川和部分亚大陆型冰川萎缩幅度较极大陆型冰川显著（刘时银等，2006；张勇等，2005）。一些冰川数量较多的流域，20 世纪中后期以来，冰川径流呈增加趋势，未来仍表现出增加的前景，危险性冰湖数量增加，突发洪水风险加大。

2）适应技术措施

（1）冰雪定位监测技术。涡度相关技术的发展，使得冰川区水汽通量、CO_2通量、潜热和感热通量的观测能力得到大幅提升。冰面测杆–超声波–时滞摄影测量相结合的冰面高程与运动速度观测技术也得到发展和应用。冰川流域径流过程观测已由传统水文观测过渡到基于压力传感器、多普勒雷达技术的自动水位和流速观测。

（2）冰川规模和冰量变化、冰川/冰碛湖突发洪水的动态监测和风险识别技术。构建融合星载和机载可见光立体测量技术、激光测高技术、雷达干涉测量，图像相关和雷达影像特征跟踪等技术在内的冰川表面数字高程模型、运动速度、冰川物质变化研究综合检测系统；建立了基于水域面积指数、冰川末端位置、冰碛湖面积变化、冰川周围高危险崩塌和冰雪崩识别、冰碛坝渗漏识别等指标的潜在冰碛湖突发洪水的风险评估技术；建立冰川区降水量、地表反照率、雪水当量、地表温度、净辐射、含水量、蒸散发、地表水储量等参数较高时间分辨率的数据产品。

（3）耦合冰川变化和积雪过程的流域水文过程模拟技术。在分布式水文中发展利用冰川储量和面积经验关系的冰川变化模块，模拟气候变化导致冰川变化对径流长期趋势的影响；不同于其他下垫面要素，冰川对气候变化的响应有滞后性，未来需要考虑这种滞后性（段建平等，2009）；此外，冰川区物质平衡过程模拟有待于向基于能量平衡模拟的方向发展，以降低无资料地区模拟结果的不确定性。

3）适应技术适用性

西部高海拔地区气象水文监测稀少，或监测站点多位于低海拔和出山口地区，没有或很少流域具备满足大尺度水文过程模拟的驱动或验证的完整数据；对冰川而言，有关冰川厚度分布、冰川区降水量（降雪量）等数据极为稀缺，不能满足开展基于冰川动力学的模拟和预估。因此，发展充分应用各类卫星资源，辅以机载遥感和地面观测，完善卫星冰川监测算法，降低基于遥感的数据产品不确定性，为区域尺度（特别是无资料冰川流域）不同时间和空间分辨率水文过程模拟和参数率定，提供输入和验证数据。

目前，大量流域水文模型对冰川的模拟能力仅限于对冰雪径流的模拟，尚缺乏包含冰川滞后响应模拟能力的水文模型，冰川的动力响应模拟离不开冰川厚度、表面运动速度、物质平衡等基本参数，这些数据的获取有赖于基于多源遥感的算法发展、改进和应用。

这些技术的发展和完善，可确保获取冰雪分布流域输入或验证数据，辅以同化技术的应用，将能够构建具有较高精度的大尺度数据产品，结合不断完善的耦合冰川动力响应过程的水文模型，从而使冰川变化影响评估得到可靠的技术和数据保障。

6.2.1.6 海岸带

1）适应的问题

气候变化加剧了热带风暴的频次和强度，加上中国沿海海平面的快速上升，使中国沿海强热带风暴造成的经济损失加剧。1989～2008年，风暴灾害频次增加，造成的损失也在波动增加，随着经济的快速发展，同样强度的热带风暴所造成的经济损失会更大（谢丽和张振克，2010）。海平面上升，对海岸带的环境和生态也有重要影响，表现在洪涝威胁加大、海岸侵蚀加重、海水入侵、土壤盐渍化、咸潮入侵加重，滨海湿地生态系统退化等（杨耀中等，2014）。

2）适应技术措施

（1）海岸带环境的监测技术和灾害预警技术。构建完善的观测体系，基于航空遥感、遥测等手段，提高应对海平面变化的监测技术；建立主要江河中下游感潮河段潮汐与河口相互作用数学模型，完善风暴潮及其影响数学模拟技术；加强沿海潮灾预警技术和预警产品的制作与分发，建立较为完善的沿海潮灾预警和应急系统，提高海洋灾害预警能力。

（2）沿海城市和重大工程设施的防护标准修订技术。针对海平面上升和风暴潮变化的影响，在沿海地区全面普查防洪和防风暴潮的能力，提出海平面上升背景下沿海地区海堤设计标准和技术要求，修订海堤设计技术规范，全面提高海岸防护设施的防范标准；全面推行沿海地区防台风、防风暴潮基础设施建设。

（3）陆地河流与水库调水相结合技术体系。加强取水口防潮能力建设，必要时调整取水口，提出陆地河流与水库调水相结合的技术体系，压咸补淡，防止咸潮上溯；控制沿海地区地下水超采和地面沉降，对已出现地下水漏斗和地面沉降区进行人工回灌；保障沿海地区水源地的安全。

（4）考虑海平面上升的海域规划技术。制定海岸带海洋开发利用和治理保护的总体规划和功能区划，考虑海平面上升情势，对已有的海岸带和海洋规划进行适当调整，以适应气候变化的需求。加强海洋生态系统的保护和恢复技术研发与示范，提高近海珊瑚礁生态系统以及沿海湿地的保护和恢复能力，降低海岸带生态系统的脆弱性，提高滨海及沿海地区生物多样性，保障生态安全。

3）适应技术适用性

东部沿海已经逐步建立了关于海平面上升的站网和风暴潮预报预警系统，根据社会经济发展需要，考虑影响的脆弱区，可以补增一些观测站点，形成较为完善的观测网络，科技的进步也将使得预报预警能力得到逐步提升（李永平等，2009）。

海岸防护工程是防浪防潮的重要工程措施，目前全国已经修建了不同保证率的海堤工程，综合考虑海平面上升的影响，提出海堤设计标准修订方法，进行海堤工程的达标建设是保障沿海地区防洪安全的重要途径。目前国家已经制定了海岸带海洋开发利用和治理保护的总体规划和功能区划，考虑海平面上升情势，对已有的海岸带和海洋规划进行适当调整，是区域及地方满足适应气候变化的需求。

6.2.1.7　人体健康

1）适应的问题

气候变化从多个方面直接和间接地影响人类健康及其生存环境（周晓农，2010）。直接影响主要包括日益增加的气候灾害导致的死亡和灾后传染病、与气温变化有关的热、冷导致的发病和死亡；间接影响更为复杂，包括气候变化引起的媒介传染病（疟疾、登革热、血吸虫等）的区域和季节扩散；大规模温室气体排放和气候变化引起的高纬度地区臭氧层耗散和臭氧暴露的健康风险；气候变化与空气污染的耦合健康效应；气候变化、气候灾害和水资源缺乏背景下水体中污染物的超额暴露；极端气候事件和气象灾害对医疗体系以及水、食物和居住场所的破坏等。

2）适应技术措施

（1）高温热浪健康风险预警技术。根据每日气象数据和环境污染物数据，确定心脑血管疾病、呼吸系统疾病、儿童呼吸系统疾病、中暑等疾病的风险指数及健康风险综合指数，划分风险等级，进行风险预警，制订相应的防控措施，并通过多信息渠道及时向公众发布预警信息（汪庆庆等，2014）。

（2）极端天气气候事件与人体健康监测预警技术。建立极端天气气候事件监测网络，加强对高温热浪、低温寒潮、灰霾、洪涝、干旱、风暴等极端气候事件的预报能力。整合加强全国现有气象和健康监测能力建设，拓展监测内容，建成国家级极端天气气候事件与健康监测网络，实时进行监测评估，编制和修订应对极端天气气候事件的卫生应急预案，建立应急物资储备库。

（3）人群健康对气候变化脆弱性评估技术。综合考虑区域的气候变化特征、极端天气事件发生的概率（如热浪、寒潮、灰霾、洪涝灾害、干旱、风暴等）、不同疾病流行状况、人群的敏感程度（年龄、性别、职业、收入、教育、健康状况、居住环境等）及适应能力（经济发展水平、公共服务水平、卫生条件、防灾减灾设施等），构建脆弱性评估指标体系（朱琦，2012），建立我国气候变化与健康脆弱性可视化动态决策支持系统，进行气候健康脆弱性等级划分与区划。

（4）媒介传染病监测与防控技术。构建基于泛在网络的全方位、多层次、深入快捷的传染病疫情信息立体获取途径，与传染病网络直报系统互补，提高传染病疫情的预测预警及防控能力；确采取致病媒介监控、媒介孳生环境改造、阻隔媒介扩散和灭杀措施，构建感染筛查、病原体检测、疾病预防和诊治为一体的防控技术体系。

3）适应技术适用性

高温热浪健康风险预警技术主要适用于我国热岛效应明显的城市区域，将减少热浪对人群心脑血管、中暑等相关疾病的负面影响，提升公共卫生部门、社区、个人应对热浪的能力；极端天气气候事件与人体健康监测预警技术适用于我国各地区，根据不同区域极端天气气候事件发生的强度和频率及其健康影响的特点，确定各地区监测的重点指标。

人群健康对气候变化脆弱性评估技术适用于我国各地区，重点是识别各个区域气候变化敏感性疾病类型及脆弱人群与分布特征，提高社区和人群适应气候变化相关健康风险的能力；媒介传染病监测与防控技术适用于媒介传染病的主要流行区域，重点确定气候变化对主要传染病分布范围和流行强度的影响；在完善现有传染病网络直报系统基础上，融合大数据技术，提升传染病疫情的预测预警能力。

6.2.1.8　气候敏感型工业

1）适应的问题

气候敏感型工业主要是高暴露、高耗水、高依赖、高污染和市场高敏感等类型。其中，高暴露的产业有建筑业、交通运输业、矿业等；原料高度依赖农林产品的行业有农副产品加工、食品、饮料、烟草、纺织、服装与鞋帽、皮革与毛绒、木材加工及家具、造纸等，气候变化通过对农林业生产的影响而间接影响到这些行业的原料供给与价格；气候变化明显影响产品销售的产业大多与饮食、穿着、居住习惯和医疗改变有关；气候暖干化地区由于水资源短缺而受影响的高耗水行业有造纸、纺织、批皮革、冶金等；因气候变化加剧大气和水污染而受到限制的行业有冶金、化工、石化等；废弃资源和废旧材料回收加工业将随着适应气候变化和建设生态文明的要求而被鼓励发展。为节约资源，电子设备和通信设备制造业的发展也将得到促进。

2）适应技术措施

气候敏感型工业适应气候变化的对策与技术主要包括：①根据气候变化对不同产业的影响和市场需求调整产业结构和销售策略，促进市场需求增加和资源节约、环境友好型产业的发展，控制和压缩高耗能、高耗水、高污染产业的生产。②修订和健全不同产业的环境技术标准，改进工艺，千方百计降低能耗与资源消耗，提高原料利用率，发展循环经济，努力实现废弃物的减量化、无害化和资源化。③根据本地区气候变化，改善车间与工作场所的气象环境，降低暴露度，加强劳动保护。④根据极端天气气候事件的发生情况制定应急预案，做好防灾减灾，减轻灾害损失。

6.2.1.9　交通运输

1）适应的问题

交通运输受气候变化的影响日益明显，我国沿海港口及内河水运基础设施受恶劣水文条件损毁、破坏现象严重，公路每年因恶劣天气及其次生灾害导致交通阻断的比重达到60%（卫红等，2014），恶劣天气诱发的交通安全事故占全部的20%。欧美等国已根据本地区气候变化的特点，分析了气候变化对交通运输的影响、面临的风险以及适应性策略。与国外相比，我国对于气候变化对交通运输影响的研究相对较少。

2）适应技术措施

（1）气候变化对交通运输安全的影响评估与灾害风险评估技术。完善影响交通运输的主要致害因素的阈值体系；发展公路交通与盆地气候的相互影响作用及调控技术；提升区域小气候变化敏感度及对交通安全运输的影响评估与防控水平；针对气候变化影响完善现有交通基础设施标准及规范，提出气候变化影响下的交通运输适应性措施。灾害风险评估技术包括：极端水文条件沿海港口基础设施灾变机理及预估与减灾技术；气候变化对沿海港口累计影响及灾害风险预测评估技术；极端天气沿海及河口深水航道骤淤演化机理与灾害预估预警；大洪水泥石流等对内河航道及枢纽的通航安全影响评估；极端特殊天气环境对公路性能的影响；构建交通运输应对气候变化风险预估与风险防控体系。

（2）交通运输适应气候变化安全应急与综合保障技术。沿海港口应对海洋灾害及保障技术；长期气候变化影响港口基础设施风险及改造提升技术；大型跨海峡通道适应长期水文变化综合技术；车载公路交通气象监测技术及应用；大范围低成本公路交通气象环境监测体系构建技术；研发适应气候变化的港口新结构和新工艺；基于视频的交通气象环境监测技术与设备；极端天气预警技术及衍生交通事件风险防控体系与应急救援设备。

（3）交通运输应对气候变化绿色低碳建设关键技术。开展公路、港口、船舶温室气体环境特性、排放模拟与测算预测技术研究；交通绿色低碳化运输模式研究；区域公路车辆温室气体排放分担率及减排研究；川藏生态敏感区干线交通温室气体排放与区域生态系统相互影响及生态恢复控制技术研究；港口温室气体排放贡献特征与减排关键技术研究；港口船舶废气排放对城市的影响及其脱硫脱硝技术研究；港口海域生态系统固碳能力建设技术研究。

3）适应技术适用性

气候变化对交通运输安全的影响评估灾害风险评估技术：影响评估技术主要适用于各类气候变化因素的影响机制分析，用于各类影响事件的数据库建立和有关影响的计算和预测；灾害风险评估技术主要适用于各类交通设施在极端气象特别是灾害中存在风险的预估，其中极寒情况适用于我国北方和西部大部分地区，海洋灾害主要适用于沿海港口航道基础设施，泥石流等主要适用于公路及内河航道。

交通运输适应气候变化安全应急与综合保障技术：适用于具有气候变化安全风险的各类交通基础设施，主要在突发安全灾害事故后的有关应急保障技术。

交通运输应对气候变化绿色低碳建设关键技术：适用于公路运输、船舶运输、港口建设等过程中的绿色建养内容，适用于各个区域。

6.2.1.10　旅游业

1）适应的问题

旅游业是严重依赖自然资源、生态环境和气候条件的产业，由于暴露性强和涉及部门多，旅游业也是对气候变化最为敏感的产业部门之一。气候变化对旅游业的影响包括消费需求、旅游资源、旅游设施、旅游服务等方面。

2）适应技术及适用性

（1）调整旅游业发展规划与布局。气候变化首先影响到旅游目的地的变化。随着气候变暖，高纬度、高海拔地区和滨海旅游的发展潜力增大，炎热地区夏季旅游淡季延长。冬季冰雪景观和冰雪运动适宜场所向更高纬度与海拔转移。气候干旱化地区与水有关的旅游项目必须压缩，暴雨洪涝多发地区的雨季高峰期也不适宜开展旅游。随着气候变化，春季植物萌芽、开花、候鸟迁飞等物候提前，秋季红叶观赏期延后（郑景云等，2002），旅游项目的内容和时间需要调整。旅游点选址要考虑气候变化与极端事件的发生，如海滨旅游要选择风暴潮与海浪较轻场所，加固海堤，修建防浪堤；山岳旅游加强游山步道与安全护栏建设，严防雷击与山地灾害。

（2）大力开发旅游气候资源。旅游气候资源指适宜开展旅游活动的有利气象条件和可供观赏的气候景观。气候变化使这些资源的时空分布与数量、性质发生改变，需要重新和动态评估，充分利用不同地区和不同地形的气候差异开发利用旅游气候资源。要充分开发利用雾凇、雪凇、云海、雨景、雪景等气候景观及与气候密切相关的瀑布、花海、草原、候鸟等自然景观。如北京市著名的香山红叶最佳观赏期通常在 10 月中下旬之交，北京市气象局开展了红叶变色预测研究并分析了郊区不同地形的气候差异（尹志聪等，2014），园林部门据此利用不同海拔高度和坡向栽植红叶树种，使全市红叶观赏期从八达岭的 9 月中旬到房山张坊的 11 月初，延长到近两个月。

（3）旅游资源保护技术体系。气候变化威胁到某些旅游资源。华北气候暖干化加上掠夺开采地下水一度导致华北明珠白洋淀干涸，号称天下第一泉的北京玉泉山的泉水已经枯竭（袁瑞强等，2015）。气候变暖使白蚁分布向北扩展，严重威胁木质古建筑。南方暴雨洪涝多发，常淹没低地古迹或引发滑坡、泥石流，冲毁山区旅游设施。新疆降水增多与融雪性洪水对埋藏在沙漠与戈壁的古代文物造成严重威胁。气候暖干化与超载过牧，使得内蒙古大部分草原"风吹草地见牛羊"的景色不再。各地应针对气候变化对当地旅游资源可能造成的损害制定发展规划，采取有效保护措施。

（4）旅游服务与安全体系改进。随着社会经济的发展和气候变化，公众对旅游的有了新的需求，提出了更高的要求。旅游部门要贯彻以人为本，认真研究气候变化对游客需求和心理的影响，改善旅游设施，提高服务质量。过去夏季不需要开空调和设置蚊帐的旅游点，气候变暖后可能产生新的需求。气候变暖还会影响游客的饮食习惯和作息时间。雨季要为游客提供雨伞，夏天提供阳伞或凉帽，外出要准备预防中暑的常见药物和充足的饮水等。极端事件频发增加了旅游业的风险。为此，首先要与气象部门合作进行旅游风险评估，盘查各种隐患，进行危险天气的监测、预报和预警并在显著位置发布。其次，要编制突发气象灾害的应急预案并定期组织演练。再次，改进维护旅游场所的安全设施。最后，与保险部门积极合作推进旅游保险，扩大保险覆盖面。地方政府应敦促面临气候风险的景区和旅游企业面向国内外保险公司投保以降低损失。

6.2.1.11 城市发展与基础设施

1）适应的问题

我国许多城市的基础设施建设滞后于城市发展，气候变化使得这一矛盾更加突出，如大多数城市的排水系统只能应对一年或半年一遇的大雨或暴雨，不利天气下交通拥堵尤其严重，盛夏炎热天气经常需要限水限电。发生极端天气使城市生命线收到破坏甚至瘫痪，后果就更加严重。此外，城市经济的发展取决于区域资源禀赋、生态环境、地理位置、交通条件、人口分布与消费需求等诸多因素，气候变化通过对上述因素直接或间接影响城市经济。如，气候变化会引起消费需求的改变，随着气候变暖，夏令商品畅销，冬令商品需求减少，对安全防护、节能节水、空气净化，洗浴，医药等商品的需求增加。

2）适应技术及适用性

（1）城市合理布局与规划。城市新区与卫星城镇建设首先要进行风险评估，避开气象灾害与地质灾害多发区。摊大饼式的盲目扩建会导致城市环境质量严重下降与气象灾害明显加重。保证适当比例绿地与城市水系等绿带、蓝带的占地面积。城市建筑物之间要保持一定的间隔，预留和保护城市开阔地与开放空间，按照盛行风向留出一定数量的风廊。制止热衷表面光鲜地标工程，忽视地下管网基础设施建设的短期行为。

（2）逐步改造城市下垫面和地下空间。以排水性沥青、透水混凝土、多孔草皮和方格砌块替代不透水地面和路面，以缓解热岛效应与减轻排水压力。屋顶绿化可将表面温度降低 3.2～4.1℃，不但减轻了热岛效应，还可截留雨水，减缓城市内涝（Mentens et al.，2006）。开发利用城市地下空间可以缓解地表空间的紧缺和城市热岛效应，部分地下空间可用于蓄积雨水以缓解城市内涝和干旱缺水。

（3）沿海城市应对海平面上升的对策。①保护性策略，修建和加高加固海堤或加强保护；②调整性策略，继续使用原有建筑物但要抬升至柱桩之上；③规避或放弃策略，放弃在海边的建筑，不采取任何保护措施。采取何种策略要综合考虑受风暴潮威胁的风险大小与采取适应措施的成本与效益。

（4）调整城市基础设施建设规划。针对气候变化的影响调整基础设施建设规划与布局。过去北京城市规模不大时，洪涝灾害主要发生在东南郊平原，城市扩展后市区内涝日益严重（王巍等，2013）立交桥下与深槽路经常淹没车辆，甚至有人因打不开车门而窒息死亡。为此，地势低平的上海和天津市内就不设下凹式立交桥与深槽路。

（5）修订生命线系统的技术标准。现有的城市生命线系统修建的技术标准是按照历史气象、水文和地质资料确定的，已经不完全适用变化了的气候环境。其中有些标准过去就不合理，如新中国成立初期，许多城市照搬苏联的城市排水管道设计标准，由于苏联绝大部分地区几乎不下暴雨，排水管道很窄。城市扩大和局地暴雨增加后对于中国就更不适用了，现在不得不逐步改造。

（6）加强灾害性天气的监测、预测、预警和应急响应。我国许多城市旧城区的基础设施多年失修，新建区基础设施又往往滞后于地面建筑，气候变化使得极端事件增多，对基础设施的威胁明显增大。气象部门应与城市基础设施主管部门紧密合作，针对各种可能损害基础设施的灾害性天气加强监测，提高预报准确率，及时预警。各类基础设施主管部门要分别编制应急预案，明确抢修与善后措施，并经常组织演练。

6.2.1.12　重大工程

1）适应的问题

2014年，由杜祥琬院士主持的"气候变化对我国重大工程的影响与对策研究"课题组提交报告，建议加强我国气候变化与重大工程相关联的科研工作，将气候变化作为重大工程立项认证的一个要素。重大工程是指关系国家或区域经济、社会发展全局的重要建设项目，主要包括水利、电力、交通、能源、生态、海岸带等领域。气候变化对重大工程的影响包括建设项目需求、工程选址、施工方案与技术标准等，其中有气候要素改变的影响，更为突出的是极端天气气候事件的影响。

2）适应技术及适用性

（1）将适应气候变化纳入重大工程的规划和论证。气候变化使不同区域的资源与环境发生改变，有些地区更加缺水或缺能，有的地方却雨水过多或耗能减少；海平面上升，山区的旱涝急转都使得工程建设的气候风险明显增大。因此，重大工程建设的规划论证不能只分析气候、水文、地质等历史资料，更要考虑气候的变化趋势。中国气象局已于2014年发布了《气候可行性论证管理办法》，就重大建设工程项目的气候可行性论证做出了明确具体的规定，气象部门应对与气候条件密切相关的规划和建设项目进行气候适宜性、风险性以及可能对局地气候产生影响的分析、评估，为工业、农业、交通、建筑等提供服务。

（2）根据气候变化修订施工方案与工程技术标准。气候变化使工程所在地的环境条件发生改变，原有的施工方案与工程技术标准需要适当调整。如如青藏铁路要穿越高含冰量的冻土层，气候变暖使得冻土层更加不稳定，仅1996年至2004年沿线活动层厚度就平均增加了46cm。为此，工程实施单位研发了降低铁路路基含水量与温度的特殊工艺，使青藏铁路得以在较长时期内能够安全运行（Lai et al.，2015）。

（3）将气候风险管理纳入工程管理的全生命周期。极端天气气候事件严重威胁重大工程建设与运行，2011年浙江高铁列车就曾因雷击发生重大颠覆事故。2008年初的南方的低温冰雪灾害导致大量高压线塔倒塌，导致大面积停电严重威胁西电东输（侯慧等，2009）。因此在重大工程的规划、设计、论证、施工、验收、运行、维护的全过程中都应当进行风险管理。工程主管部门要进行风险预估，不断进行隐患盘查并及时消除。对可能发生的极端天气气候事件要编制应急预案并组织演练，明确安全管理的岗位责任制，储备充足的抢险救援物资与器材。气象部门要主动配合做好专项监测、预报和预警，相关部门的应急响应要协调联动，气候、水文、地质、环境等资料和信息应能共享。

6.2.1.13　一带一路

1）适应的问题

"一带一路"战略贯穿亚欧非大陆，对于沿线国家和中国的沿边沿海地区的经济发展都是极大的机遇，对于打造人类生命共同体，建设和谐世界具有深远的意义。气候变化对

"一带一路"战略的实施具有重要的影响。

陆上丝绸之路经济带与我国西北部位于中高纬度内陆，气候变暖和大部地区降水增加带来了一些有利因素，但气候波动加剧也使干旱、低温、高温等灾害频繁发生，部分地区仍然存在荒漠化的威胁。海上丝绸之路沿线国家与我国东南部处于低纬度沿海或岛屿，气候变化导致海平面上升与海洋灾害加剧，国际减排还加大了中东石油输出国的经济困难。如何适应气候变化，有序高效实施这一战略的研究应提上日程。

2）适应技术

关键技术：气候变化对"一带一路"沿线区域影响归因与分析技术、气候变化背景下实施"一带一路"战略的机遇和挑战SWOT分析技术、重大基础设施建设工程气候变化与极端天气气候事件风险分析评估和预警响应技术、适应技术的经济、社会、生态效益分析评价技术、适应行动的优化决策技术等。

6.2.2 适应气候变化技术阶段目标与重点任务

基于不同领域适应气候变化关键技术总结及其适用性分析，本部分重点选取其中的12个领域或部门，从近期和中远期两个时间维度，提出适应气候变化技术阶段目标与重点任务。

6.2.2.1 气象

近期：建立适应不同研究和应用目的需要的中尺度精细化多源大数据资料系统；建成具有国际先进水平的多功能大型云实验模拟平台；对影响我国的中小尺度天气系统发生发展机理有一个较清晰的认识；获得我国典型强风暴系统结构和微物理结构的野外观测试验；发展利用双偏振雷达观测准确分析云和降水粒子相态结构和粒子谱分布结构特征；建立强风暴数值模式的三参数云微物理方案；阐明我国强风暴形成的微物理与动力相互作用过程。

中远期：建立基于动力、热力、云物理统计和数值预报的灾害性天气预报先进系统，对我国中小尺度天气灾害性模式的短临预报能力有明显提高；在气溶胶核化、云和降水粒子形成和雷暴起电机制取得关键重大进展；在网络化全固态多普勒雷达系统研制和协同自适应观测技术研究取得重要进展；建立相控阵多普勒天气雷达系统，为强风暴探测提供细微结构和演变特征数据；形成暴雨灾害预报新技术方法方面有明显突破；建立人工调控天气的新理论和新技术方法，并形成集探测、催化作用决策、效果检验为一体的人工增雨作业体系。

6.2.2.2 农业

近期：加强农田基本建设，提高区域农业抗旱排涝能力、水资源利用率以及农业抗御各种自然灾害的能力；加快推进作物抗逆品种选育技术研发及应用；通过对现有不同作物的耕作栽培技术进行有针对性的改良，使之适应气候变化所带来的影响新特征；在已有不同作物病虫害防治技术基础上，针对气候变化影响，进行防治技术适应性改良与创新；加快农业适应气候变化保险技术推广，重点发展政策性农业保险；建立农业种植结构调整示范基地，探索农业种植结构调整新模式。

中远期：建立比较完备的农业适应气候变化的法规政策体系，形成多部门参与的决策协调机制和全社会广泛参与适应气候变化的行动机制；建立完善的农业适应资金筹集和管理体制，带动政府、企业、组织、个人等参与到适应资金的建设中；将农业适应气候变化与国家扶贫规划相结合，保障消除绝对贫困目标的实现和不因气候变化而产生新的贫困人口。

6.2.2.3 森林

近期：加强森林生态系统与气象灾害监测网络规划和建设，开发森林灾害预警平台系统，研发森林灾害防控技术；加强主要造林树种种质资源调查和保护，培育适应性好、抗逆性强的人工林树种。加大林业生态工程的建设力度；开展各类森林适应气候变化的间伐和轮伐期经营技术试点示范建设。

中远期：加强林木良种基地建设和良种苗木培育，提高人工林良种使用率；继续发展森林固碳和减排经营技术，加强和改进森林资源采伐管理，确保稳定高效地发挥公益林生态效益；建成完整的物种自然保护网络，提高自然保护体系的保护效率；提高各种人工林生态系统的适应性；加强自然保护区建设和生物多样性保护。

6.2.2.4 草原

近期：加大草地改良技术的应用和推广力度；结合牧草栽培节水改良技术加强人工草地建设；研发牧场基础数据自动采集系统、牧场经营管理决策支持系统以及实时牧场视频监控系统，建立并完善数字牧场控制实验平台；

中远期：推进人工牧草栽培节水改良系统的优化力度；通过数字牧场控制实验平台的科研成果研发草牧业生态经济系统适应性管理技术，通过核心技术转化成为草牧业生态经济管理示范区，并进行大范围的应用及推广。

6.2.2.5 湿地

近期：全国尺度气候变化对湿地生态系统综合影响识别技术；河湖湿地连通技术；冰雪融水资源化技术；）沟渠集水净化技术；节水湿地技术；湿地种质资源恢复技术；应对气候变化的湿地生态补偿技术；面向气候变化的城市湿地规划设计技术。

中远期：多源-多向调水技术；湿地农产品抗旱涝技术；湿地适应气候变化重点生态工程规划；重点城市、重点区域湿地适应气候变化规划；气候变化背景下全国湿地保护和恢复"生产"、"生活"和"生态"区划技术。国外刚起步，学习研发中，可在较为远期开展，如：湿地关键种群抵御极端天气技术；陆源沉积海平面同步抬升技术；跨国湿地适应气候变化的国际合作规划；全球重点湿地适应气候变化现状及趋势评估技术。

6.2.2.6 沙漠化

近期：推动我国高分辨率卫星遥感面向北方沙漠化区动态变化的编目数据更新，开展利用高分辨率多源遥感的沙漠化变化监测；重点突破气候变化对干旱半干旱区域沙漠化动态的影响模拟；研制干旱半干旱区域对气候变化的动力响应模式，并与水资源模型、土地利用模型和人口模型相耦合，建立沙漠化动态监控的多目标决策支持系统与。

中远期：集成研发干旱区水资源地域配置技术和节水技术，以及沙产业技术，完成沙漠化地区产业转型；建立包括气候变化下沙漠化系统数据检测技术、精细化模拟与预估技术、适应能力评估技术；开展干旱半干旱区与水资源、土地利用和人口的模拟；逐步完善干旱半干旱区沙漠化过程的耦合系统评估技术；建立和完善沙漠化预警与防治体系。

6.2.2.7 生物多样性

近期：研究建立研究示范基地，保证濒危物种、生态系统多样性、优先区处于稳定或良性发展状态，提高生境质量和景观连通性，评估管理措施对生物多样性影响。

中远期：全国典型珍稀濒危物种和生态系统的气候变化风险得到有效控制。实施后，在濒危物种、生态系统多样性和生物多样性监测、保护和管理方面，我国将达到国际先进水平。

6.2.2.8 水资源

近期：需要建立相对完善的实验、监测系统，为气候变化适应研究提供必要的机理与数据；需要建立气候变化对城市水循环全过程影响与预估模拟平台；需以供水安全、洪水和干旱为主，建立气候变化适应能力评估模拟平台。初步实现数据基础、影响与预估和适应能力评估的完整技术体系。

中远期：需进一步完善机理与数据基础，形成较为完善的数据监测平台，实现数据采集、发布的规范化和标注化；集成形成水资源系统对气候变化适应能力评估技术；建立包括气候变化下水资源系统数据监测技术、精细化模拟与预估技术、适应能力评估技术、规划设计技术等在内水资源系统适应气候变化技术体系。

6.2.2.9 冰川

近期：推动我国高分辨率卫星遥感面向西部冰川区的冰雪和冰川湖分布的编目数据更新；开展利用高分辨率多源遥感的冰川冰量变化监测；发展面向冰川表面高程和冰川厚度的机载遥感技术，获取高精度冰川表面高程和厚度分布数据。研制大尺度冰川对气候变化的动力响应模式，并与流域水文模型相耦合，建立流域水资源利用的多目标决策支持系统。

中远期：发展基于多元遥感的冰雪流域数据产品；开发基于区域气候模式的耦合冰雪水文过程的模拟系统，在较高时间尺度上评估冰雪流域径流和潜在洪水危害风险，完善流域尺度的水资源利用多目标决策支持系统。开展重要流域冰川变化影响评估和适应研究，重点评估山区水资源优化配置方案。同步开展冰雪遥感和流域水文模拟，逐步完善包括冰雪功能模块的耦合陆面水文过程的区域气候模式，在季节尺度上评估径流（水资源）变化、在日尺度上识别叠加冰雪变化影响的洪水风险，对流域水资源利用和灾害风险管理进行动态评估。

6.2.2.10 海岸带

近期：建设相对完善的沿海和岛屿观测网点，强化海洋及海岸带环境的监测技术和灾害的预警技术，沿海城市和重大工程设施的防护标准修订技术，完善风暴潮及其影响数学模拟技术，在沿海地区全面普查防洪和防风暴潮的能力和海平面上升对沿海地区水源地影响。提高对海洋环境的航空遥感、遥测能力，应对海平面变化的监视监测能力，海洋灾害预警能力。

中远期：提出考虑海平面上升的海域规划技术，陆地河流与水库调水相结合的技术，形成较为健全的数据沿海和岛屿的观测网点，修订海堤设计技术规范，制定海岸带海洋开发利用和治理保护的总体规划和功能区划，开展滨海生态系统的保护和恢复示范区建设；最终形成以监测站网完备、预警预报及应急响应系统完善、工程措施与非工程措施密切结合的适应气候变化技术体系。

6.2.2.11 人体健康

近期：初步建成国家级极端天气气候事件与健康监测网络；开展气候变化对人类健康影响的监测预警技术研发，以高温热浪、低温寒潮、灰霾、洪涝、干旱、风暴等为重点，建立预测、监测、应对、快速响应为一体的预警预报系统，并及时发布预测、预警报告，建立相关机制，以应对可能出现的由气候变化引起的突发公共安全问题；选择极端事件和气候敏感性疾病频发的典型区域，研发气候变化与健康脆弱性的综合评估模型及脆弱性分区技术。

中远期：建立我国气候变化与人体健康风险可视化动态决策支持系统和公共信息服务系统，在部门和社区推广应用；建立健全气候变化对人体健康危害的应急预案，提高抵御风险和应急处置突发卫生事件的能力。针对不同区域气候变化健康脆弱性特征，制定政府、社区和个人不同层次适应气候变化的策略和措施，建立示范区，进行适应效果分析。

6.2.2.12 一带一路

实施"一带一路"战略的重点科技任务包括：研究气候变化对一带一路沿线国家及我国相关省区治理、资源开发与经济发展的影响与适应对策，气候变化情景下"一带一路"国家经济的互补性和贸易前景及适应对策，气候变化对陆路沿线交通运输基础设施建设的影响与适应对策，海上丝绸之路应对极端气象事件与海洋灾害的国际保障系统建设，石油输出国适应气候变化的经济转型发展对策等。

阶段目标：近期提出实施"一带一路"战略科技支撑的顶层设计，基本摸清"一带一路"沿线国家和地区及我国相关区域的气候变化及其影响、生态条件变化、基础设施建设、社会经济发展及贸易现状，提交气候变化对这些国家和地区资源、环境、经济发展、基础设施建设和运输、贸易影响的评估报告和政策建议。中远期提出"一带一路"沿线不同区域适应气候变化的资源开发、生态治理、经济转型与贸易对策的调整方案，提出不同区域影响基础设施建设与运输、贸易的极端天气气候事件预警和响应的国际合作体系构建方案和若干重大基础设施建设的气象保障措施。

6.2.3 总体路线图

适应气候变化技术发展路线图是适应气候变化战略的实施方案，是在认识气候变化影响与风险，分析目前可用与适用技术的基础上，构筑适用不同领域适应气候变化的技术体系、实施过程与技术突破，并预期有限时段的实现目标。适应气候变化技术发展路线图的构建遵循系统分析方法，具体步骤有：①限定问题，诊断适应气候变化技术不同发展阶段存在的主要问题；②确定目标，面向问题，提出适应气候变化技术–集成–制度的阶段性目标；③调查研究，通过资料搜集、访谈调查，以梳理结论，厘清问题产生的根本原因；④可行方案，根据主要问题及阶段目标，有针对性的提出推进适应技术发展的备选方案，并从技术和社会经济等角度，集成各方意见，评估方案的综合效益，最终提出最可行方案。

本报告以《中国应对气候变化国家方案》、《国家适应气候变化战略》、《国家应对气候变化规划（2014–2020 年)》以及《国家中长期科学和技术发展规划纲要 2006–2020》为指导，针对不同阶段的问题导向与研发目标，提出"技术先导–综合集成–整体有序"的总体思路，全链条设计我国气候变化适应技术发展路线图及其一体化实施方案（图 6.1），遴选部分领域，剖析其近期气候变化适应技术发展的具体内容。

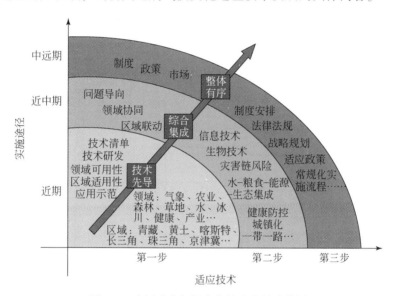

图 6.1　中国适应气候变化技术发展路线图

当前，气候变化适应机理研究薄弱、领域和区域间适应技术差异较大，近期应以"技术先导"为核心，立足领域和区域适应技术挖掘、研发和应用示范，厘清重点领域和区域适应气候变化技术清单，增强适应技术研发及其领域可用性、区域适用性，同时推进保障适应技术研发与示范的制度建设，重点包括：提高中国气候变化和极端事件演变的预估能力及早期预警信号辨识水平；构建重点领域、行业、区域国家气候变化影响评估标准与可操作性风险评估技术体系（图 6.2）；突破一批适应气候变化的资源优化配置与综合减灾关键技术，研发重点行业风险规避与防御技术，集成适应气候变化的实用技术与决策支持系统；推动青藏高原、黄土高原、西南喀斯特等生态脆弱区适应气候变化技术体系构建、应用示范及保障能力建设。

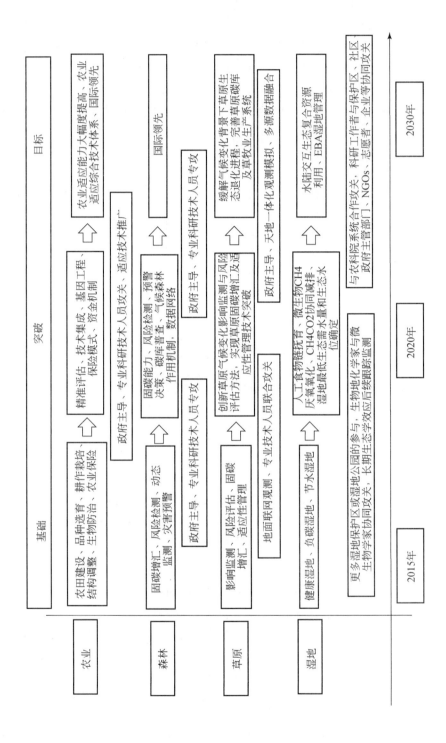

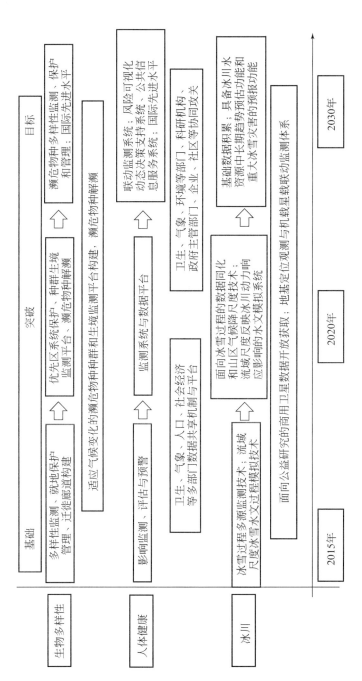

图6.2 部分领域适应气候变化技术发展途径

持续推进适应技术研发与应用，针对单一领域或区域无法解决整体对气候变化适应的问题，近中期应以问题为导向，推进综合集成，增强领域间的协同和区域间的联动，重点融合生物技术与信息技术，研发农业与生态灾害链风险防控技术；发展水资源统一调度技术与高效利用技术；推动实现水–粮食–生态集成适应气候变化技术体系；在健康领域重点发展虫媒和水媒疾病控制技术；在长江三角洲经济带、珠江三角洲地区、京津冀、丝绸之路经济带等经济一体化区域进行示范，并增强适应气候变化制度建设。

中远期，推动实施整体有序适应气候变化策略，在制度、政策、市场等机制的保障下，将自然科学与社会科学的技术手段有机结合起来，着力推进适应气候变化制度安排、战略规划完善、法律法规构建、适应政策优化以及实施流程常规化。

第7章　适应气候变化制度与政策研究发展战略

现阶段，我国不仅面临着提升可持续发展能力的"发展型"适应需求，同时也面临着应对新增气候变化风险的"增量型"适应需求。鉴于此，我国适应工作有自己的特色，要满足双重需求，一方面是对已发生的气候变化影响的适应需求，主要解决发展程度较低所导致的适应"赤字"问题，另一方面是针对未来气候变化影响风险的适应需求，解决气候变化本身（尤其是增温）及其引发的一系列生态社会后果的适应问题。必须在可持续发展的框架下，统筹考虑经济发展和保护气候，在适应气候变化的过程中弥补发展欠账，调整发展方式以适应不断变化的气候，实现经济社会发展和应对气候变化的双赢，才能解决两方面的不足。适应行动的实施与适应科技的发展都需要制度与政策的保障，本章阐述如何构建适应气候变化的制度与科技体制，以及如何设计和制定切实有效的促进适应气候变化科技发展的保障政策。

7.1　适应气候变化的制度与政策分析

适应气候变化制度建设与政策发展是适应工作开展的重要保障，也是确保国家和地方适应目标得以有效落实的基本保证。而对适应政策与行动进行系统评估是适应决策过程科学化、民主化的必要途径，是调整、修正、延续和终止政策的重要依据；同时，对适应政策与行动进行评估也有利于相关政策资源的优化配置。此外，适应政策与行动的评估工作对于梳理我国现有的适应措施、总结过去工作的经验和教训，完善我国适应政策体系和强化适应行动意义重大。

7.1.1　中国适应气候变化的法制

法律法规的制定和颁布是中国积极应对气候变化的制度基础。全国人民代表大会是中国最高立法机构，于2009年正式发布《关于积极应对气候变化的决议》，从法律层面指导中国应对气候变化工作的规划与实施，指出必须以对中华民族和全人类长远发展高度负责精神，进一步增强应对气候变化意识，根据自身能力做好应对工作；坚定不移地走可持续发展道路，从中国基本国情和发展的阶段性特征出发，积极应对气候变化。当前，中国正在开展《应对气候变化法》的编制工作，适应气候变化作为保障国家气候安全，推进生态文明建设，实现经济社会可持续发展的重要方面，已被列入其中，内容涉及积极采取适应措施和行动，提高中国经济社会发展适应气候变化的能力与水平，减轻气候变化的不利影响，特别是在宏观布局、重大工程和脆弱地区加强预防和减轻气候变化的影响。此外，中国已颁布的《循环经济促进法》、《环境保护法》、《森林法》、《草原法》、《水法》、《海洋法》、《气象法》、《突发事件应对法》等法律和国务院颁发的一系列法规都涉及与适应气候变化相关的许多内容。

7.1.2 中国适应气候变化的体制机制

中国已建立并逐步形成由国家应对气候变化领导小组统一领导、国家发展和改革委员会归口管理、各有关部门分工负责、各地方各行业广泛参与的应对气候变化管理体制和工作机制。中国政府于1990年成立了应对气候变化相关机构，1998年建立了国家气候变化对策协调小组。为进一步加强对应对气候变化工作的领导，2007年，中国成立了国家应对气候变化领导小组，国务院总理任组长，成员单位涉及20个国家部委（局）。国家发展和改革委员会承担领导小组的具体工作，并于2008年设置应对气候变化司，负责统筹协调和归口管理应对气候变化工作。中国政府有关部门相继建立了应对气候变化职能机构和工作机制，负责组织开展本领域应对气候变化工作。2007年1月，成立了气候变化专家委员会。2010年，在国家应对气候变化领导小组框架内设立协调联络办公室，加强了部门间协调配合；进一步调整充实国家气候变化专家委员会，提高了应对气候变化决策的科学性。同时，中国各省（自治区、直辖市）都建立了应对气候变化工作领导小组和专门工作机构，一些副省级城市和地级市也建立了应对气候变化相关工作机构。国务院有关部门相继成立了国家应对气候变化战略研究和国际合作中心、应对气候变化研究中心等工作支持机构，一些高等院校、科研院所成立了气候变化研究机构（冯相昭，2012）。2007年发布的《中国应对气候变化国家方案》、2013年11月发布的《国家适应气候变化战略》、2014年发布的《国家应对气候变化规划（2014-2020)》等都对建立健全适应气候变化的体制和机制提出了明确要求。

适应气候变化的要求纳入我国经济社会发展的规划与全过程，统筹并强化气候敏感脆弱领域、区域和人群的适应行动，全面提高全社会适应意识，提升适应能力，有效维护公共安全、产业安全、生态安全和人民生产生活安全。主要包括：①增强适应能力。主要气候敏感脆弱领域、区域和人群的脆弱性明显降低；社会公众适应气候变化的意识明显提高，适应气候变化科学知识广泛普及，适应气候变化的培训和能力建设有效开展；气候变化基础研究、观测预测和影响评估水平明显提升，极端天气气候事件的监测预警能力和防灾减灾能力得到加强。适应行动的资金得到有效保障，适应技术体系和技术标准初步建立并得到示范和推广。②开展重点领域与区域的适应行动。基础设施相关标准初步修订完成，应对极端天气气候事件能力显著增强。农业、林业适应气候变化相关的指标任务得到实现，产业适应气候变化能力显著提高。森林、草原、湿地等生态系统得到有效保护，荒漠化和沙化土地得到有效治理。水资源合理配置与高效利用体系基本建成，城乡居民饮水安全得到全面保障。海岸带和相关海域的生态得到治理和修复。适应气候变化的健康保护知识和技能基本普及。③形成国家和地方适应气候变化的区域格局。根据适应气候变化的要求，结合全国主体功能区规划，在不同地区构建科学合理的城市化格局、农业发展格局和生态安全格局，使人民生产生活安全、农产品供给安全和生态安全得到切实保障（张雪艳，2015）。

7.1.3 中国适应气候变化的政策

自 2007 年国务院发布《国家应对气候变化方案》以来（2012 年年底），政府各部门相继发布和实施一大批适应气候变化相关的政策与法规。根据 2008—2012 年我国发布的《中国应对气候变化的政策与行动》白皮书、《中国第二次国家信息通报》以及公布的政府文件等，确认中国政府部门共发布适应气候变化相关政策与法规 117 项，为我国适应气候变化工作提供了重要基础。我国初步形成了由上而下，由综合部门扩展到专业部门的适应气候变化政策体系。最顶端由《国家应对气候变化方案》，按不同的部门分工和特点，发布一系列适应气候变化的政策，指导我国将适应气候变化纳入经济社会和生态文明建设的主流工作。近几年，随着应对气候变化工作自上而下逐层推动，省级以下政府（包括地级市、区县等）还开始制定与应对气候变化相关的政策，但内容总体仍以节能减排为主。

气候适应的工作牵涉方方面面，与社会、经济、生态、环境、生产、生活等各方面都息息相关，条块分割的行政管理体制加上传统的从上而下的决策模式使得气候适应政策与行动的贯彻落实可能面临较大的挑战。我国适应政策制定过程中，比较重视利益相关方参与，采用气候因素评估的结果作为决策基础，但适应政策中忽视了对非气候因素的评估，对当前气候变化领域的科学假设和不确定性考虑不足；气候变化的影响、脆弱性和风险评估中，对气候变化的影响相对重视，但对适应决策很关键的未来风险评估不足，使针对未来适应行动的科学基础仍然较弱，有较大的提升空间。适应气候变化的技术标准体系建设是适应能力、适应目标和适应成果的重要组成部分，为应对气候变化带来的不利影响，建立覆盖各行业领域、提升关键环节适应能力、确保适应目标实现的行业新标准规范和技术选项，提升经济社会运行对气候变化的适应水平，是适应政策中必须强调的重中之重。适应政策制定中，适应目标设定较高，但与之对应的适应能力与适应资源严重不足，不匹配。我国部门适应政策向下传达渠道明确，政策主要由省级政府和相关机构负责实施，实施机制相对较完善，但对适应政策实施过程的监督不足，多数没有明确的监督机制。适应政策制定的风险评估依据不足，经济社会长期、宏观规划、重大工程缺乏气候风险评价与防范，没有以风险为基础的适应战略部署。对气候变化带来的损失评估与危害应对政策发展缓慢，气象灾害保险覆盖面不宽，巨灾保险仍未推开，适应气候变化风险分担机制创新不足。

7.2 适应气候变化制度与政策发展的内在需求

7.2.1 适应气候变化需要完善制度安排

法律是推动适应气候变化行动的重要手段。英国适应气候变化行动走在国际前列，重要的经验就是适应法律完整的顶层设计，以《气候变化法案》的形式构建适应气候变化的体制——适应委员会会，明确适应气候变化机制——由适应委员会负责推动英国的适应行动。因此，需要加快《应对气候变化法》的立法进程，强化国家应对气候变化领导小组及组成部门的有效协调与沟通，推动各地方因地制宜积极开展适应气候变化行动。同时，加强应对气候变化机制与体制建设，进一步深化适应气候变化与经济发展、科学技术发展、宏观规划、重大工程、防灾减灾、扶贫帮困等综合性工作的结合，形成合力，相互促进，共同推进。

7.2.2　适应气候变化政策需要加快政策主流化进程

克服应对气候变化工作中减缓比重远高于适应问题，将适应气候变化政策列入政府工作的核心内容之一，真正落实习近平主席提出的"坚持减缓与适应并重"的方针。当前节能减排、碳强度目标均已列入地方发展的重要评价指标，而适应工作的重要性仍非充分体现。适应政策的制定首先要解决识别中的误区，将适应列为当前最重要、最紧迫和最现实的应对气候变化工作，是我国应对气候变化的一项核心内容。适应气候变化的政策主流化主要体现与其他领域的协同。适应主流化对提高我国自然生态环境、城市、人群（特别是脆弱人群）的适应能力，减少气候变化影响所造成的灾害损失发挥了重要作用。随着我国政府适应气候变化的意识提高，适应气候变化工作将逐渐与各部门的生产与运行紧密结合。适应工作主流化的内涵包括：①生态环境保护与适应的协同。我国制定并实施了一系列增强林业适应气候变化能力的法律法规，建立了具有中国特色的森林资源管护制度，加大了对天然林的保护，实施了野生动植物自然保护区以及湿地保护工程的建设，加大了生态脆弱区域生态系统功能的恢复与重建（国家林业局经济发展研究中心气候变化与生态经济研究室，2014）。同时，草原与湿地的保护也取得了较大进展。②防灾减灾与适应的协同。针对气候变化带来的极端天气气候事件的新特点，减灾部门着力研究巨灾形成机制、转移措施、风险防范模式等，为完善我国应对巨灾的体制、机制和法制奠定了良好的基础。气象部门编制了气象灾害图集，开展了主要灾害（台风、暴雨、干旱）的风险评估，出版典型流域和区域的气候变化综合影响评估和风险报告，"中国气候服务系统"也正在建设之中。③城市化发展战略与适应的协同。我国政府已经认识到适应与城市化之间的密切联系，并开始采取措施，调整城市规划，提高城市对气候变化的适应能力，减少气候变化对城市的影响。例如2013年3月，针对暴雨等极端天气对社会管理、城市运行和人民群众生产生活造成的巨大影响，国务院办公厅发布了《关于做好城市排水防涝设施建设工作的通知》，指出要加强城市排水防涝设施建设，提高城市防灾减灾能力和安全保障水平，从硬件设施上提高城市适应能力。④健康保障与适应的协同。《全国自然灾害卫生应急预案》（试行）提出，针对包括气象灾害在内的各种自然灾害，各级卫生部门要根据本地区自然灾害特点和工作实际，利用各种媒体向社会广泛宣传自然灾害卫生应急常识，提高社会公众的卫生防病意识和自救互救能力。⑤减贫和社会发展与适应的协同。气候变化家加剧了生态脆弱地区的贫困化，在资金投入和帮助贫困人口完成生计转换等措施不可行或即使实施也难以发挥良好效果的情况下，我国在一些地区尝试进行了气候移民或生态移民，将贫困人口转移至生态环境和经济社会发展条件相对良好的地区，如宁夏生态移民工作已取得一定成效（周景博，2013）。⑥经济发展转型升级与适应的协同。气候变化不仅在能源供需角度对国民经济的几乎所有产业带来了冲击，同时也从消费需求、原材料供应、生产环境、运输与贸易等方面深刻影响着许多产业，特别是气候敏感型产业的发展前景，通过研发与推广应用有效的适应技术，促进产业和企业的升级转型发展是中国经济避免"中等发展陷阱"的必由之路。

7.2.3　适应政策需要引导适应科技研发方向

适应气候变化科技发展需要明确的政策导向。我国的适应气候变化科技工作要面向国家重大需求和国际科技前沿，提升我国应对气候变化科学研究水平，增强适应气候变化技术研发的创新能力，发挥科技在应对气候变化中的支撑和引领作用，为经济社会可持续发展提供支撑。①瞄准需求，切实解决适应气候变化工作中面临的问题。适应气候变化科技工作与适应行动的技术需求紧密结合，以需求为导向，集中力量解决关键技术问题，切实发挥科技在适应工作中的基础性作用。②支撑发展，提升行业和领域适应气候变化能力。适应气候变化科技工作与行业和领域的适应气候变化能力提升紧密结合，以支撑行业和领域的发展目标，形成行业、领域的适应气候变化技术框架，全面系统的提升行业和领域适应气候变化能力。③主动适应，减少气候变化不利影响。适应气候变化科技工作与应对不利的气候变化趋势和极端天气气候事件紧密结合，以气候变化和极端事件的预测预警技术为突破口，构建极端事件应对技术体系和应急预案，正确评估和设法消减气候变化的负面效应，主动应对极端天气气候事件，减少气候变化带来的不利影响。④着眼长远，服务于区域经济社会可持续发展。适应气候变化科技工作与我国经济社会的可持续发展坚实结合，以经济社会发展与气候变化趋势相协调为目标，确保经济布局与气候变化所改变的资源与环境格局想匹牌，重大工程远离气候高风险区，以支撑区域经济社会的可持续发展。

适应气候变化科技发展的政策需求主要包括：①深化适应气候变化与生态文明关系的认识，加强适应气候变化的生态治理。适应气候变化是生态文明建设的重要组成部分，生态文明建设目标是为人民创造良好生产生活环境，加强国家的生态安全，因此，适应气候变化贯穿于生态文明建设过程中，并表现在准确认识气候环境的演变、优化国土空间开发格局、加大自然生态系统和环境保护力度以及加强生态文明制度建设的各个方面。制定加强气候恶化地区的生态治理与帮扶脱贫科技支撑的政策。②同等重视适应科技，加大政策与资源支持力度。同等重视适应和减缓气候变化科技工作，深切认识到适应气候变化科技工作已经滞后于我国整体的应对气候工作需要。需要加快制定并发布《国家适应气候变化科技专项行动》，指导全国的适应气候变化科技进步。在国家主体科技计划中加大对适应科技的支持力度，支撑国家适应气候变化工作的实施。③加强跨部门领域的协调，增强整体的适应成效。加强科研立项中整体适应、协调适应的研究，提出综合适应效果最优的适应体系和方案；建立跨部门的适应科技协调机制，加强主要部门适应科技工作的相互配合。④建立推广应用机制，适应科技服务民生与经济社会发展。将适应科技与提高民生紧密结合，选择相对成熟、市场化前景广的适应技术，建立适应技术推广示范应用基地，制定鼓励企业自主研发和社会团体与公众参与适应技术创新的政策，解决地方在适应气候变化方面存在的问题，充分趋利避害，发挥适应科技服务地方经济社会发展的重要作用（孙成永，2013）。

7.2.4　适应政策需要落实适应行动的资源支撑

适应行动对资源的需求巨大。①适应行动的高成本。对于预见性适应，需要在现有气候变化信息的基础上，面临不确定信息的情况下进行适应性决策，适应行动的收益受到气候变化趋势的影响较大，投入成本较高。②提升"弱势群体"适应能力的成本。受气候变化影响较大的重点领域、欠发达地区、低收入部门成为适应气候变化的"弱势群体"。制约"弱势群体"提高适应能力的关键原因在于资金缺乏，急需解决"弱势群体"的资金瓶颈问题，提高全国的适应能力。③提升区域性适应性的协调成本。适应气候变化的外部性问题需要加强地方适应措施之间的协调。一个地区加强资源开发力度，提高经济发展水平也有助于提高当地的适应能力，却有可能造成环境的破坏和生物多样性的损失，对其他地区的适应行动产生较大的影响。在这些情况下，需要投入一定的适应资源加强地区间的协调。④改善气候变化信息的状况。加大对气候变化相关趋势、影响及可行的适应措施的科研投入，为适应性政策决策和自发性适应决策提供尽可能多的信息。气候变化的适应需要公众的积极参与，特别是要充分利用个体的自发性适应，举办各种各样的气候变化知识的培训，对于提高整个社会的适应性非常重要（傅东平，2011）。

适应需要多渠道筹集适应资金。目前国内适应资金的筹集渠道包括：①中央财政投入。财政收入主要来源于税收。而税收的构成又往往与生产、流通和消费相关联，这些领域正是造成温室气体排放的主要成因。因此，由财政投入适应资金从实质上讲符合公平原则。②温室气体排放收费和清洁发展基金中提取。对于排放温室气体特别是超标准排放温室气体的企业、单位，各国都普遍建立了收费机制。从理论上讲，应该应用于消除这种排放造成的影响。国际适应资金的获取渠道包括：①国际官方援助的资金流入。综合考虑国际气候谈判的普遍认识及国内的发展实践，明确气候资金的范畴是进行气候资金筹措、核算与管理，以及气候融资谈判的基本前提。公共部门及发展银行类资金应是在原来的官方发展援助（ODA）基础之上的新的、额外的资金，尤其是要争取直接的财政拨款。②多边开发机构的资金流入。世界银行、亚洲开发银行、国际金融公司等国际金融机构是发展中国家气候资金的重要来源，为发展中国家参与碳市场的补偿项目提供了强有力的支持。③国外私人部门的资金流入。采取有效的吸引外资及激励性产业政策，公共政策的不确定性会降低其带动私人投资的杠杆因子，从而影响私人投资，大量吸引国外私人部门的投资（王遥，2012）。

7.2.5　适应政策需要加强监督管理与科学评估

监督管理与科学评估是适应工作的重要组成部分，是确保国家和地方适应目标得以有效落实的重要保证。而对适应政策与行动进行评估是适应政策过程科学化、民主化的必要途径，是调整、修正、延续和终止政策的重要依据；同时，对适应政策与行动进行评估也有利于相关政策资源的优化配置。此外，适应政策与行动的评估工作对于梳理我国现有的适应措施、总结过去工作的经验和教训，完善我国适应政策体系和强化适应行动意义重大。

适应政策评估需要加强定量方法，提升监督评估的科学性与可靠性。适应气候变化政策评估可分为政策制定过程评估、政策组成要素完整性和合理性评估和实施效果评估，常用方法包括：①指标体系法。通过适应效果指标体系对适应政策进行定量评估，包括指标选取和指标权重的确定。如 Preston 开发的适应政策组成要素评估框架，揭示了适应政策中存在的问题和不足，加深对政策及其实施机制和障碍的认识，有利于政策调整；② 成本–有效性分析法（cost-effective analysis）。成本–有效性分析主要针对那些无法确定和量化收益的决策对象。许多公共政策的成本可以估算，但是往往很难估算政策的收益，例如海岸防浪堤的各项成本是可计算的，收益则涉及生态效益、社会公平、减贫、社区发展、教育和健康改进等多方面，难以简单进行评估（高军侠，2012）。

7.2.6　适应政策需要加强风险防范与创新分担机制

适应政策需要加强重大工程的气候风险防范。全球气候变暖情景下温度、降水的季节变化、海平面上升、极端气候事件频发等现象对绝大多数重大工程的运行效率和经济效益都有一定影响，包括工程本身的运行效率、作用意义、工程成本、经济效益等。目前重大工程的设计与施工已经根据相关技术标准考虑了多种风险要素，但是随着全球气候变化、极端气候事件突发，以及工程的设计建造年代逐渐久远，气象灾害给这些重大工程的工程技术标准等带来了新的挑战。需要逐步推行气候可行性评估政策制度。随着全球气候变化，气象灾害的强度、频度和范围都随之发生变化，要及时将相应科学研究得出的最新数据和成果应用到区域发展规划、新建重大工程规划和设计中，开展气候可行性评估，充分考虑气候变化的影响，进一步加强适应和应对气候变化带来的负面影响。政府部门要加强开展适应气候变化的顶层设计并制定总体战略规划，对重大工程的规划设计起到指导作用。需要加强气候风险区划为基础的适应战略部署。强化风险意识，开展全国范围的气候风险普查和区划，建立相应适应战略与应急响应机制。将气候变化及其影响作为未来经济社会发展规划的重要基础。适当提高重大工程、基础设施和城市生命线系统的建设标准。统筹加强政府、非政府组织、社区、居民等适应气候变化的能力建设（刘冰，2012）。需要重视适应气候移民政策。近年来，移民政策日益被多数移民看作一种有效的适应策略，从环境恶劣的农村转移到条件相对较好的城镇地区使谋生变得相对简单。脆弱度较高的弱势群体的移出，移出地整体的暴露程度和脆弱性均降低，应对同等强度的致灾因子打击时，降低自然风险；而移入地，由于新来人口的加入，原有的劳动力数量和结构均可能得以优化，在一定程度上增强了区域经济动力（周洪建，2011）。

气候变化将重塑保险行业，需要不断创新气候风险分担机制。从风险定价到全球政策，创新保险经营发展路线和战略规划，促使形成积极有效的减轻风险的保险业全球伙伴关系，谋求共同稳健发展。天气指数保险。由于农业生产对天气状况的高度敏感度，因此，与农业相关的各种保险产品和措施已经成为全球各国保险业发展的焦点，农业天气指数保险已渐渐成为传统农业保险产品的重要补充。巨灾保险基金与巨灾风险证券化。通过巨灾保险基金和巨灾风险证券支持自然灾害风险在时间维度上的分散，确保整个风险分散体系具有一定的极限承受能力，有利于在更广泛的范围分散巨灾风险，从而实现通过金融市场手段创造灾后重建资金来源的目的，改变灾后重建过度依赖政府财政救援的局面，减少巨灾对经济发展的冲击。国际上不乏巨灾保险基金的尝试，如墨西哥巨灾保险基金，加勒比巨灾保险基金等，都取得了显著的成效（刘冰，2012）。巨灾导致保险缺口，需要完善保险再保险机制。灾害和巨灾保险制度完善的国家和地区，保险在分散风险和转移损失方面的作用得到较充分发挥，保险损失占灾害经济损失比例相对较高，在很大程度上减轻了政府和民众损失的经济负担和重建压力。然而，从保险业经营角度，保险人需要做好充分的风险承保安排，否则，保险人将面临利润损失或经营亏损。

7.2.7 适应政策需要加强能力建设与完善技术标准体系

需要加强适应能力建设的政策安排。加强气候变化近期预测的研究（10～30年），为适应提供较可靠的科学支撑。当前气候变化预估仍存在较大的不确定性，应继续加强对影响机理的深入研究。进一步加强极端天气气候事件和气象灾害研究，提高重大工程的防灾技术，制定防灾技术标准，研究趋利避害的新技术，提高工程保护效率。采用先进可靠的新技术和新装备提高防御能力，提高应对极端天气气候事件的能力，快速恢复和重建机制。建立和完善气象灾害实时监测和预警系统，加强多部门联动，完善保障经济社会安全高效运行的体制建设，确立统一调度和协调会商制度，形成适应气候变化和防灾减灾的长效机制。

需要提升适应气候变化的技术标准并完善标准体系。充分认识应对气候变化给经济社会带来的挑战，包括合理布局、灵活调配资源、加强设备维护、采取补救措施等，同时要兼顾成本-效益问题，尽量减轻对经济发展带来的负面影响。政府要大力支持对技术标准的研究。及时跟踪气候变化影响的最新研究进展和经济社会运行中存在的适应性问题，着力将应对气候变化的技术标准修订工作做到及时化、常态化、超前化。

将适应纳入环境影响评价政策工具。目前，我国在环评相关法律法规和标准中还没有对气候因子的强制评价要求，仅在推荐性行业标准《规划环境影响评价技术导则（试行）》中将气候因素纳入环境因子，但并没有给出明确的评价指标和评价方法。在个别规划环评或战略环评的试点项目中有少量关于气候变化问题的讨论或研究，而在建设项目环评中基本上都没有考虑气候变化的因素。因此，需要通过相关法律法规、技术标准或导则的形式，将气候变化因素纳入法定评价范围，从而确保气候变化因素在决策过程中能够得到充分考虑（吴婧，2012）。

7.2.8 适应政策需要调动社会组织、企业及其他行为主体的主观能动性

适应气候变化需要更多更好的发挥社会组织、企业和各行为主体的主观能动性，在信息公开、科学研究、政策发展、科普宣传等方面开展合作，了解我国各地区的气候适应政策现状和需求、借鉴其他国家制定气候适应政策的经验和教训、引进先进的气候适应研究和政策制定的方法和工具，为推动我国气候适应政策的制定和实施提供支持。一些活跃的国际NGO组织，在气候变化适应领域已经做了一些有益的尝试，有代表性的包括大自然保护协会（The Nature Conservancy，TNC）、世界自然基金会（WWF）、世界资源研究所（WRI）等，它们分别从自然、社会、社区等不同层面开展了工作。我国应制定资助鼓励企业针对气候变化对产业发展的影响自主采取适应行动和自主研发适应技术的政策，制定鼓励社会组织与公众参与社会适应行动和技术研发的政策。

7.3　完善适应气候变化的科技制度与政策建议

7.3.1 健全气候变化适应科技体制和机制，强化适应气候变化协同治理合力

加强气候变化立法工作，推动综合性气候变化法的制定，同时为适应气候变化新形势以及生态文明建设客观需求，适时将气候风险防范和适应气候变化的理念融于水资源、农业、生态系统、海岸带、人体健康和基础设施等气候敏感脆弱领域的法律法规以及地方政府相关管理条例的修订进程中，即促进适应性气候变化立法活动的开展。

加快构建并逐步完善"政府主导，多部门协调合作"联动机制，加快成立跨部门的适应气候变化科技领导小组，加强不同利益相关方之间的统筹协调，提高适应气候变化的宏观决策能力建设，推动适应气候变化战略规划的顶层设计以及配套政策体系建设，加快构建完善涵盖气候风险评估、早期预警、过程监管、防灾减灾、绩效考核的适应气候变化综合治理体系。成立多学科、多领域的适应气候变化专门委员会，加强适应气候变化与生态环境保护、防灾减灾、城市化发展、健康保障等领域的协同研究，为国家和地方各级政府部门制定适应气候变化战略规划、政策法规和行动措施提供决策咨询服务。

积极开展适应气候变化科技协同效应研究，是构建和完善气候变化适应科技体制和机制的基础。适应涉及国民经济社会发展各个领域，适应战略实施涉及多个机构部门，适应科技研发应兼顾经济社会发展需求，经济社会发展规划中必须重视对气候变化的适应。建立适应气候变化的科技计划体系，优化适应科技整体布局，统筹和协调适应科技研发工

作。整合适应气候变化和可持续发展、生态文明建设、小康社会的共同需求和目标，集中优势科技资源，以学科交叉、综合集成为主要特色建立适应研发基地、支持适应研发项目、培养适应科技人才和团队；同时，支持高脆弱性、高风险区域、领域进行有针对性的适应科技研究。

7.3.2 加强适应气候变化定量研究，夯实适应经济学理论基础

加强适应领域的定量化研究，为构建和完善适应气候变化的制度体系提供科学基础和可操作的具体标准。"十二五"期间，减排工作取得了一定成效，其中很重要的原因在于减排考核可以制定比较明确的量化标准，而量化标准的制定则基于坚实的科学基础。在气候变化研究领域，温升、温室气体排放量、经济活动三者之间的关系已经基本明确，为减缓气候变化提供了科学的基础；在适应研究领域，应进一步加强量化研究，构建适应经济学体系，解决各部门如何适应，如何制定可操作的标准等理论和实践难题，以保证适应科技落地。

在国家、区域、部门等各层面开展气候变化脆弱性评估和风险分析，开发定量经济分析工具和方法，加强气候情景与经济社会发展情景的结合研究，促进适应行动进入规划层次。

在基础设施规划和建设方面，根据气候条件的变化修订基础设施设计建设、运行调度和养护维修的技术标准，科学评估标准升级的适应成本及环境收益；在立项论证和准入管理环节，将气候变化影响和风险作为项目申请报告或环评、安评等相关管理工作的重要组成部分统筹考虑；开展基础设施气候变化风险评估，促进建立和完善保障重大基础设施正常运行的灾害监测预警和应急制度。

重点开发实质性的、有针对性和可操作性的、具有一定通用性的适应成本–效益分析方法和工具，为正确评估适应成本，确定适应资金需求提供科学工具，为适应领域的金融市场培育、适应资金的筹集提供科学依据。

开展适应措施的预评估和后评估，采用成本–效益分析方法对适应措施进行及时的、科学的、定量化的评估，正确评价适应资金使用效率，提高适应资金分配的科学性，特别要发挥公共财政资金的引导作用，保障重点领域和区域适应任务的完成。

推动适应领域的定量化研究，建设适应经济学体系，及时更新并发布实施不同领域的适应气候变化技术清单和技术标准，开展气候变化风险评估，推进国家适应气候变化的相关风险区划制定，促进相关政府部门颁布敏感脆弱领域制定适应气候变化科技计划，鼓励省级及省级以下因地制宜出台适应气候变化科技专项规划（许吟隆，2013）。

7.3.3 完善气候变化适应资金机制，促进气候变化适应科技战略实施

适应气候变化科技战略实施、适应科技机制体制等能力建设都需要资金支持。

建立适应科技研发、应用推广和决策资助机制，支持在科学界、产业界和决策部门之间建立有效的适应研发网络。适应科技资金资助范围涵盖适应科技从研发到落地的全过程，优先资助前沿领域和重点领域。

拓宽适应科技资金渠道，基于对适应措施和能力建设资金需求以及成本分担机制的科学分析，建立以国家财政资金为主导、商业性资金和市场投入为支撑、国际双边或多边适应基金为补充的多元化资金机制

充分发挥金融市场的功能，积极推动气候金融市场建设，鼓励开发气候相关服务产品；逐步构建天气衍生品交易平台，开展和促进"气象指数保险"产品的试点和推广工作；建立健全风险分担机制，探索发放小额信贷、发行巨灾债券等创新性融资手段，支持农业、林业等领域开发巨灾保险产品和开展相关巨灾保险业务等。

建立适应科技资金使用效果预评估与后评估机制。基于适应经济学研究，确定适应科技重点资助和优先资助领域，评估资金使用效率，提高适应科技资金分配的科学性，引导适应科技资金的流向。

7.3.4 重点领域适应科技政策与措施建议

水资源领域，合理确定主要江河、湖泊生态用水标准，健全和完善水功能区规划和水源地保护行动计划，保证合理的生态流量和水位；强化用水总量控制和定额管理，严格规划管理、水资源论证和取水许可制度，实行严格的水资源管理制度；根据气候变化引起的降水与水资源时空分布格局改变，调整流域水资源调配方案与防汛抗旱总体部署；完善水环境监测与水生态保护技术标准体系，提高水污染防治能力建设；健全各级防汛抗旱指挥系统，完善应急机制，加强灾害监测、预测、预报和预警能力建设。

农业领域，研究制定和修订农业气候区划指标，适度调整种植北界、作物品种布局和种植制度；要研究制定并颁布农业适应气候变化行动计划，构建农业防灾减灾技术体系，编制应对各类极端天气气候事件的专项预案；及时发布农业适应技术清单，大力推广节水灌溉、旱作农业、抗旱保墒与保护性耕作等适应技术。制定鼓励适应技术推广、构建农业适应技术体系和创办气候智能型农业的综合示范区的政策。

林业等生态系统方面，要研究制定林业适应气候变化行动计划的配套保障措施，完善覆盖全国主要生态区的林业观测站网，加强气候变化对林业影响的监测评估；促进草原生态良性循环，恢复和提高草原涵养水源、保持水土和防风固沙能力，提高草原生态系统的适应气候变化能力；研究制定针对野生动植物栖息地环境和生物多样性保护的适应气候变化战略行动，强化对重点生态功能区湿地、荒漠等生态系统的保护以及人工促进退化生态系统的功能恢复。

海岸带管理领域，推动覆盖海岸带地区及海岛的气候变化影响评估系统建设，开展海洋灾害风险评估，研究制定海洋气候风险区划管理办法；加强风暴潮、海浪、海冰、赤潮、咸潮、海岸带侵蚀等海洋灾害的立体化监测和预报预警能力，强化应急响应服务能力。

城市建设方面，明确城市气候风险特征和海绵城市建设标准，将适应气候变化融入城市可持续发展规划决策中，研究制定城市适应气候变化的综合行动方案，制定创办气候适应性社区的标准、表彰办法与实施方案，开展城市适应气候变化的成本效益评估，构建适应能力评价综合指标体系，健全必要的管理体系和监督考核机制，促进城市适应气候变化能力建设。

气候敏感产业。全面分析评估气候变化对不同产业影响的利弊，制定趋利避害应对气候变化的促进产业结构与布局调整方案与政策，鼓励企业针对气候变化对产业影响自主研发适应技术的政策，全面编制敏感产业的企业应对极端天气气候事件的应急预案。

第8章 适应气候变化科技发展综合战略

8.1 综合发展布局

围绕气候变化适应工作，《国家应对气候变化规划（2014—2020年）》部署了提高城乡基础设施适应能力、加强水资源管理和设施建设、提高农业和林业适应能力、提高海洋和海岸带适应能力、提高生态脆弱区适应能力、提高人群健康领域适应能力、加强防在减灾体系建设等7项关键任务；在《国家适应气候变化战略》（2013年）中部署了基础设施、农业、水资源、海岸带和相关海域、森林和其他生态系统、人体健康、旅游业和其他产业等7项重点任务；并构建城市化地区、农业发展区和生态安全区等区域适应格局。对于中远期的气候变化适应，还将进一步结合社会经济系统及产业链与产业集群区、生态环境系统的复合演变，进行综合适应。

需要指出的是，气候变化导致地球系统尤其是表层系统的非一致性、非均衡性和非稳态特性进一步增强，对社会经济系统的持续发展和生态环境的健康稳定构成严重威胁。增强社会经济系统的适应能力、维持和提升生态环境健康水平、减轻当前生态和社会系统的脆弱性、降低未来的潜在风险、选择具有持续恢复力和韧性的经济发展途径，基于"主动适应、有序应对"的理念，"趋利避害"，是气候变化适应的核心。其中，做好适应的规划与顶层设计、做出正确的适应展现抉择、甄别适应的优先事项与优先区域、选择双赢无悔的适应措施、对适应过程进行量化监测与评估，是适应气候变化科技研究中需要系统回答的五大科技问题，适应能力提升与整体优化是贯穿整个适应过程的关键所在。在我国当前的气候变化适应相关研究中，存在气候变化适应研究与传统行业或领域研究边界不清、适应方法学不完善、适应研究与影响评估预估研究分离、基础-应用基础-应用全链条研发缺失、缺乏实践中可操作性强的适应技术体系、与重大需求结合不紧密、瓶颈问题未能有效突破等问题。在相关科研任务部署中，顶层设计不足，"小"、"散"、"碎"问题突出，成果"孤岛"与"礁体"成果繁杂，标志性、科技发展增量和显示度尚嫌不足。

按照大科技发展思路，发挥举国体制优势，进行"大兵团"作战，整合完善科技资源，系统融合国内外相关研究的新进展，突破一批技术瓶颈问题。面向重大实践需求，研发整装成套的实用技术，构建适应技术与管理技术两套体系，全面提升国家、区域和行业适应气候变化的能力，以支撑国家总体发展战略的实施，研发一批具有重大标志性的成果，是我国适应气候变化科技发展的战略选择。

在适应气候变化科技体系框架的基础上，结合适应气候变化数据、方法和理论，适应气候变化技术以及适应气候变化政策战略研究成果，按照四个板块和六个重点研究方向进行布局，研究形成技术与管理两大体系，并有机衔接。四个板块分别为基础与共性技术、技术体系、管理体系和综合集成。其中，基础研究与共性技术主要是研究数据保障和气候变化影响评估、风险预估模式与关键技术；技术体系包括自然环境生态系统、社会经济系统、基础设施领域等三大方向的研究，重点是适应机理、关键技术及示范；管理体系主要是研究适应气候变化的政策、体制、机制、法制及关键技术研究；综合集成重点是在气候变化敏感区、重点社会经济发展区进行管理与技术集成及示范应用。在技术与管理体系的研究中，实行从基础到示范推广的全链条研究。两大系统、四个板块与六个研究方向的结构、关系如图 8.1 所示。

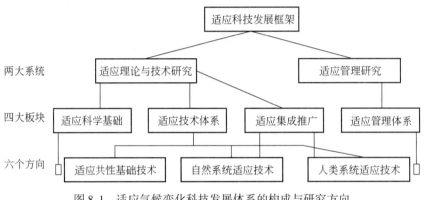

图 8.1　适应气候变化科技发展体系的构成与研究方向

8.2　重点研究方向

8.2.1　适应基础与共性技术

影响评估与预估是适应气候变化的基础，数据保障与模式是进行影响评估、风险预估和制定适应行动的关键支撑。

基础研究主要是制定气候、水文、生态、环境等监测的统一标准，融合监测和大数据等相关信息技术的新进展，整合优化监测资源，构建满足适应气候变化研究的监测体系；创新多源监测数据的同化技术，构建数据共享体系。

共性技术主要是围绕气候变化影响评估定量化检测与归因尚未得到有效解决、未来气候情景预估与风险评估尚存在不确定性等问题，开展气候变化及极端事件的检测和预估、影响评估技术、风险预估、适应气候变化能力评估与优选事项遴选等相关模式与共性技术。

8.2.2　生态环境系统适应气候变化

以地球表层系统为对象，识别重点要素系统适应气候变化的机理及可恢复特性（resilience），并确定其阈值和适应路径。将未来气候变化影响和风险纳入资源、生态、环境等承载力的研究中，构建资源–生态–环境综合承载力评估技术与优化提升决策支撑技术。

水是地球表层系统最为活跃的因子，水安全是国家安全的重要组成部分。以水循环与水资源系统为对象，将气候变化影响与风险纳入到旱涝应对、水资源调配、水环境保护等重点工作，创新相关理论，改进相关支撑技术；师法自然，开展海绵流域关键理论与技术研究，构建水安全适应气候变化成套技术，并进行示范应用。

开展气候变化对生态系统的服务功能影响研究，识别林地、草地、湿地对气候变化的响应机理及阈值特征；研究气候变化背景下区域整体生态服务功能维持与提升路径，构建多层级、多类型生态保护与修复规模、构成、格局的宏观调控技术，研究生态用地与生态用水调配等关键技术。

8.2.3 社会经济系统适应气候变化

开展城市、乡镇、耕地（灌区）、经济林、草场等典型社会经济系统对气候变化的响应与自适应机理研究，明晰其阈值。开展城市和城市群适应气候变化关键技术研究；结合气候变化背景下光热和水分资源变化特征及病虫害诱发机理，趋利避害，开展种植业适应气候变化关键技术研究；以食物整体安全和种养平衡为基础，开展人工生态系统适应气候变化的集成技术研究。研究人体健康、旅游、基础设施、（与气候资源密切相关的）产业部门适应气候变化的关键技术。

8.2.4 基础设施领域适应气候变化

识别气候变化对城乡基础工程和重大工程的影响机理，以工程全生命周期风险孕育与防控为主线，从规划、设计、建设与运维等多个环节，研究基础设施适应气候变化的关键技术并进行示范，完善相关工程标准与设计导则。研究重大工程和工程群适应气候变化的集成技术，并进行应用示范。

8.2.5 适应政策模拟与管理技术

开展气候变化适应政策制定的方法学研究；研究气候变化、社会经济与生态环境的动力学互馈机制，研发政策模拟与社会经济损益平台。结合气候变化影响评估、风险预估和适应技术应用需求，研究气候变化政策与管理决策关键技术和政策实施机制。开展气候变化适应相关政策实施的动态监控和评估关键支撑技术研究，支持政策和管理的优化调整。研究适应于减缓协同技术，基于系统科学原理，发展优化系统结构和功能的减缓与适应协同技术，包括减少暴露度和脆弱性的适应路径优化识别技术、渐进适应与转型适应的优化决策技术、绿色低碳整体转型的优化集成技术等。

8.2.6 区域综合适应气候变化

开展气候变化对气候敏感区和重点经济区的综合影响机理研究,并结合区域生态与社会经济功能定位,开展区域层面气候变化集成技术与管理体系的综合研究,制定重点区域适应气候变化转型适应综合路径、社会经济及产业的优化调整、基础设施的优化布置与科学运维及与之相适应的政策与管理体系,并进行综合示范。

8.3 重点研究任务

8.3.1 适应气候变化基础与共性技术

8.3.1.1 气候变化适应监测、数据保障与模式研究

面向气候变化影响评估、风险预估和适应行动,制定气象、水文和下垫面监测国家标准与技术规范;研发观测站网优化支撑技术,整合监测资源,优化站网布局;研发新一代多圈层、全要素、多尺度观测技术,实现对气象、水文和下垫面条件实时监测;发展多源数据同化、融合技术,开发标准化的数据产品;融合国内外大数据和物联网技术的新进展,建立基于云技术的气候变化适应研究大数据共享平台。

研发基于多圈层相互作用和高性能计算的高分辨大气环流模式、海洋环流模式和海冰模式,建立具备从季节内到年代际尺度的无缝高分辨率气候系统模式;构建具有自主知识产权、高精度气候-水文-生态的耦合模拟与预报模式,提高模拟与预测精度,延长遇见期;应用复杂系统理论,构建气候变化-生态环境-社会经济动力学互馈模式,支撑适应气候变化优选事项识别和转型发展情景比选。

研究在气候变化影响下,不同类型受体对于不同气候变化胁迫的暴露度、敏感性和弹性等脆弱性因子、风险、机遇和系统演化规律,陆地生态系统、水系统、海洋与海岸带、冰雪圈等自然系统主要领域的共性适应机制与技术原理、农林业、其他气候敏感产业、人体健康、生态脆弱气候贫困与生计、基础设施与重大工程、城市规划与发展、区域经济社会发展等人类系统主要领域的适应机制与技术原理、边缘适应理论及其应用,渐进与转型两种适应策略的相互关系与应用条件,适应行动的生态、经济、社会效益综合评估方法、适应行动阈值分析,气候变化影响不确定性来源与适应行动的风险决策原理、适应技术辨识、优选与集成方法等。

8.3.1.2 气候变化影响评估与风险预估及优选事项遴选关键技术

识别气候变化对地球表层各要素系统影响机理和量-效关系,构建气候变化影响评估指标体系、标准和模型,开展气候变化综合影响评估,研制气候变化影响区划图。构建考

虑极端气候气象事件的资源、生态和环境综合承载力模型,就气候变化影响下全国和重点区域的资源、生态和环境综合承载能力进行评估。构建气候变化风险动态预估指标、标准和模型,绘制气候变化风险区划图。识别影响与风险因子的可调控特性,结合多情景模拟,识别适用气候变化的重点区域和关键环节,构建适应气候变化优选事项遴选的成套技术。

8.3.1.3　气候变化适应能力评估与决策支撑关键技术

识别地球表层各系统及各因子对气候变化波动的适应机理及阈值特征,是制定气候变化适应对策的前提和基础。结合创新原型观测、控制实验和数值模拟创新和现代信息技术的融合,识别多类型、多层级生态与环境系统对气候变化波动的适应机理及阈值特征;明晰社会经济系统对气候变化影响的自适应与调节机理。

系统构建绿色基础设施(防护林、水源涵养林、生态屏障等)、灰色基础设施(水利工程、交通工程、管道工程等)、粮食主产区、敏感生态区、城市(群)和重点经济区气候变化综合适应能力评价技术体系及关键技术。

8.3.2　生态环境系统适应气候变化机理与关键支撑技术

8.3.2.1　气候变化对资源-生态-环境综合承载能力评价与优化提升关键技术

以地球表层系统为对象,识别重点要素系统适应气候变化的机理及可恢复特性(Resilience),并确定其阈值和适应路径。将未来气候变化影响和风险纳入资源、生态、环境等承力的研究中,构建资源-生态-环境综合承载力评估技术与优化提升决策支撑技术。

8.3.2.2　流域水安全调控适应气候变化关键技术与示范

水分是地球表层系统最为活跃的因子,流域是水循环的完整空间单元,植被、土壤等对水循环过程、水化学过程和水沙过程具有良好的调节性能。在气候变化影响下,主要气候因子呈现出从"窄幅"向"宽幅"变化的趋势;在流域层面提高下垫面条件和人工基础设施对水量和水质的调节能力,建设海绵流域,是新一代适应气候变化的综合集成技术。

海绵流域建设是通过地表绿色水库、灰色水库和土壤棕色水库、地下蓝色水库的建设和联合调配,进行多圈层水量、水质和水生态的立体调控,是整体适应气候变化背景下水循环及伴生水环境、水生态和水沙过程宽幅变化关键举措,也提高水资源保障能力、维持水安全的成套技术措施。开展四类水库调蓄潜力、综合布局与建设、联合模拟与调度等关键技术研究,系统构建海绵流域建设技术体系,并开展试点示范。开展水环境适应气候变化关键技术与示范。

8.3.2.3　典型生态系统适应气候变化关键技术与示范

研究林地、草地、湿地等典型生态系统对气候变化的响应机理、过程及阈值特征,构建典型生态系统对气候变化的适应性评价指标与评价方法；结合典型生态系统的生态服务功能和可调控特征，研究典型生态系统适应气候变化调控路径及关键技术。

8.3.2.4 流域/区域整体生态服务功能对气候变化的响应及优化调控

结合气候变化对生态服务功能的影响和生态系统的分布与生态功能定位，从规模、构成、布局三大方面，研究区域、流域生态系统整体适应气候变化能力建设关键技术；结合气候资源、水土资源及适宜性评价，研究典型人工生态系统适应能力建设关键技术，保障生态用地，合理调配生态用水。

8.3.3 社会经济系统适应气候变化机理与关键支撑技术

8.3.3.1 特大城市与城镇化适应气候变化关键技术集成与示范

开展特大城市及城市群适应气候变化关键技术及示范。结合国家城市综合发展战略，从规模、结构、承载能力和区间联动等方面，提出特大城市和城市群适应气候变化的宏观发展战略。特大城市和城市群具有显著的"雨岛"和"热岛"效应，在气候变化影响下，城市高温和内涝灾害愈演愈烈。开展城市热岛和内涝形成机制研究，并从规模、功能区规划、基础设施建设等方面开展热岛和内涝减缓关键技术研发，提升特大城市及城市群适应气候变化能力；制定城市化对气候变化影响评估技术导则。结合新型城镇化建设，从规模、结构、承载、区间联动等方面开展城镇适应气候变化关键技术研究，并进行示范。

8.3.3.2 农林业生产适应气候变化关键技术与示范

对于以产品生产功能为主的耕地、经济林草地等人工生态系统，开展气候变化背景下土地的适宜性评价，并结合病虫害的风险，提出我国和重点区域作物空间布局的调整方案，系统回答作物带北移的可行性与可靠性；趋利避害，开展高光效人工生态系统种植制度优化关键技术研究。结合食物结构调整，从生物质资源整体供给的角度，开展气象与旱涝灾害防控研究，整体提高农业适应气候变化能力。

8.3.3.3 人群健康适应气候变化关键技术与示范

建设极端天气气候事件与健康监测网络、风险可视化动态决策支持系统和公共信息服务系统；开展气候变化对人类健康影响的监测预警技术研发，以高温热浪、低温寒潮、灰霾、洪涝、干旱、风暴等为重点，建立预测、监测、应对、快速响应为一体的预警预报系统；选择极端事件和气候敏感性疾病频发的典型区域，研发气候变化与健康脆弱性的综合评估模型及脆弱性分区技术；针对不同区域气候变化健康脆弱性特征，制定政府、社区和个人不同层次适应气候变化的策略和措施，建立示范区，进行适应效果分析。

8.3.4 基础设施及重大工程适应气候变化关键技术与示范

8.3.4.1 基础设施全生命周期适应气候变化机理与优化调控

在传统的基础设施规划布局与建设中，均以历史气候条件作为依据，未能充分融合未来气候变化的特征。需要指出的是，基础设施的服役和功能发挥重点是面向未来的气候变化和经济社会发展需求，传统的基础设施规划布局与建设范式存在"历史情景"与"未来需求"两张皮的不足。与此同时，在传统基础设施的设计与建设中，重点是以单项工程为对象，未能从系统和工程全生命周期的角度做出科学安排。

结合基础设施的服务功能定位和全生命周期对气候变化的响应，系统开展基础设施适应气候变化能力建设关键技术研究。从规划、设计、施工和运维等全生命周期过程，研发适应能力整体建设关键技术；突出传统设计标准与导则升级优化，将适应气候变化能力建设与基于可靠度的设计与运维纳入到规程规范。

8.3.4.2 城市生命线工程适应气候变化关键技术及示范

开展城市供排水、能源供给、交通等重点生命线工程对气候变化的响应机制识别，研究城市生命线工程抗灾设计、智能化控制等关键技术，并进行推广示范。

8.3.4.3 重大工程与工程群适应气候变化关键技术

开展气候变化对长江上游特大水利水电枢纽群水资源和水能资源的影响，构建特大水利水电枢纽群多目标联合调度关键技术研究。研究气候变化对南水北调东中线工程水源区可调水量特征、受水区需水和超长距离输水调度的综合影响，研究特性行跨流域调水工程适应气候变化关键技术研究。开展气候变化西气东输工程、青藏铁路、高铁等重大能源和交通的影响及风险评估研究，提出气候变化适应路径，研究安全保障关键技术。

8.3.5 适应气候变化政策模拟与管理技术

8.3.5.1 气候变化适应政策制定与实施机制的方法学研究

开展气候变化适应政策制定的方法学研究；研究气候变化、社会经济与生态环境的动力学互馈机制，研发政策模拟与社会经济损益平台。结合气候变化影响评估、风险预估和适应技术应用需求，研究气候变化政策与管理决策关键技术和政策实施机制；实施"一区一策"、"一城一策"气候变化管理策略。

8.3.5.2 气候变化适应政策的动态监控与评估关键技术

开展气候变化适应相关政策实施的动态监控和评估关键支撑技术研究，支撑政策和管理的优化调整，融合信息化、大数据、云网络等技术的新进展，开展适应气候变化系统管理关键技术研究。

8.3.5.3 适应与减缓协同的转型技术

选择典型适应区域，开展适应案例研究，揭示"渐进适应"与"转型适应"等适应方式抉择的内在驱动因素与适应机制；研发适应气候变化的区域产业结构调整与功能优化技术，研发减缓技术的成本效益分析方法；研究保障区域适应和减缓能力不断提高的合作机制、法律与制度、评估体系；研究地区间贸易、金融、技术转移对减排和适应气候变化行动的影响。

8.3.6 重点区域适应气候变化关键技术集成与示范

8.3.6.1 沿海区域适应气候变化技术集成与示范

结合海平面上升和"三碰头"（天文大潮、风暴潮和暴雨洪水）的影响评估与预估，开展沿海地区洪涝风险评价与区划、"海陆一体化"洪涝防控、沿海生态屏障、水系连通工程和海防工程建设等理论与关键技术研究，构建沿海地区适应气候变化整装成套技术与管理体系，并开展试点示范。

8.3.6.2 寒旱地区适应气候变化技术集成与示范

结合气候变化对高寒地区水资源和热量资源的影响，开展寒旱地区水热资源适应性综合开发利用关键技术研究；识别气候变化对融雪型内涝、融冰性洪水以及冰湖溃决灾害等的影响机理；提出旱寒地区水土资源联合调控等适应性技术和综合防灾减灾技术，整体提升青藏高原、内陆干旱、黄土高原地区适应气候变化能力。

8.3.6.3 重点经济区适应气候变化关键技术集成与示范

结合长江经济带、丝绸之路经济带、京津冀协同发展区、珠三角区等重点经济区，开展重点区域适应行动规划；筛选满足区域适应能力建设需求的基础设施和重大工程；开展适应气候变化的城市和重点地区社会经济发展规划，优化基础设施的综合布局；研发适应行动和适应规划的监测与效果评估技术，评估适应行动和适应的实施效果。

8.3.6.4 农作边缘过渡地带适应气候变化技术研发与综合集成

明确农作边缘过渡地带的生产特征，确定气候变化影响的高风险地域，识别关键脆弱因子，捋清关键适应问题，开发有针对性的实用适应技术，进行适应实践示范和效益分析，阐明适应技术机理与适应技术途径，建立具体可操作的农作边缘区域适应技术体系，阐明农作系统的适应机制，研发区域适应决策支持系统，为区域的可持续发展做好技术储备。

8.4 气候变化适应科技发展战略建议

8.4.1 加强适应气候变化科技工作统筹协调

建议在国家应对气候变化及节能减排工作领导小组基础上，进一步成立适应气候变化科技领导小组，负责国家层面适应气候变化科技顶层设计和统筹协调，推进重点科技成果的推广应用，加强适应气候变化科技的顶层设计和整体布局，加强统筹协调，充分调动国家、地方、部门、行业以及国际的科技资源。建立国家适应气候变化科技高层专家咨询委员会，主要任务是为我国政府适应气候变化提供科技战略方针、发展规划、政策法规和行动措施等方面的决策咨询和建议。

8.4.2 开展"大兵团"作战，启动适应气候变化科技研发任务

针对气候变化研究中的关键科学问题，开展基础性、战略性、前瞻性适应气候变化研究，组织实施"全球变化及应对"、"应对气候变化"、"绿色发展科技专项计划"等重点专项，组织实施从国家层面、部门层面，到地方层面的适应相关科技研发项目和任务，提升我国气候变化基础研究实力和国际影响力，提高我国适应气候变化方面科技实力，建立专门、稳定的政府资金投入渠道，加强对适应技术体系、适应决策、适应宣传等方面的支持力度。

8.4.3 加强科研基地和人才队伍建设

制定适应科技领域的人才队伍建设中长期规划，在若干国家与大区重点院校和科研院所设立一批适应气候变化研究的硕士点、博士点和博士后工作站，同时加强对现有适应领域科技人员的培训和进修，逐步建立一支具有国际先进水平的适应科技人才队伍。通过选拔优秀人才，参与国际顶尖适应科研项目合作，培养一批国际适应科技的领军人物。打破部门和行业壁垒，整合国内和国际两类优势资源，建设一批开放的、国际化的气候变化适应研究中心或实验室。针对重点问题或区域进行联合攻关，集中研究内容，突出重点目标，避免分散研究模式。创新研发机制，突破传统研究范式，加强研发队伍培育。

8.4.4 加强科学普及与宣传工作

将气候变化适应作为气候变化普及与宣传教育的核心工作之一。构建应对气候变化的教育体系；以政府为主导，利用电视、网络、图书、期刊、报纸、影视和音像作品等大众传媒进行适应气候变化科学知识的普及和宣传，培养个体和群体适应气候变化能力。尽力

培养科普型专家，建立专门的专家库，将气候变化相关科学以通俗易懂的方式宣传普及。使适应气候变化的知识与技术进课堂，除高等院校的相关学科要安排专门的课程与专题报告外，中小学校要通过专题讲座，提高适应气候变化知识的覆盖率。

8.4.5 完善适应气候变化融资制度

积极培育以国家财政资金为主导、商业金融适应性资金和市场投入为支撑、国际双边或多边适应基金为补充的多元化资金机制；发挥公共财政资金的引导作用，加大财政在适应能力建设、重大技术创新等方面的支持力度，保障重点领域和区域适应任务的完成；积极推动气候金融市场建设，探索发放小额信贷、发行巨灾债券等创新性融资手段，发挥金融市场在提供适应资金中的积极作用；建立健全风险分担机制，支持农业、林业等领域开发巨灾保险产品和开展相关巨灾保险业务；借鉴国外经验逐步构建天气衍生品交易平台，开展和促进"气象指数保险"产品的试点和推广工作。建立政府部门间适应气候变化协调机制，构建政府与社会力量联合开展适应行动的平台，推动建立适应气候变化非盈利机构，鼓励私营企业参与保险、信息服务等适应气候变化活动。将提升公众适应气候变化认识作为政府适应工作的重要目标，增加公众对适应气候变化的认同和支持，为公众提供充分的、便与获取的适应气候变化信息与服务。

8.4.6 鼓励和支持地方开展"无悔"的适应气候变化行动

在气候变化预测、影响与风险评估尚未完全成熟的阶段，将当前面临的发展任务与适应气候变化结合，重点在地方开展"无悔"的适应行动，力争与经济社会发展的行动密切结合，提升经济社会发展的气候适应能力，高效的使用有限的适应资源，获得最佳适应成效。认识气候变化带来的有利影响，优先开展在交通、农业、商业和旅游等领域充分利用潜在的气候变化资源的适应行动，特别是发展气候保险等金融适应手段，实现适应行动的快速发展，增强地方适应气候变化的能力。

8.4.7 建立多边合作机制，加强国际合作

在"一带一路"区域开展应对气候变化科技合作，广泛开展气候智慧型低碳城市、智慧低碳增长技术等方面的国际合作。将应对气候变化作为优先领域纳入相关双边或多边政府间科技合作协议框架，并作为科技援外重点领域；继续支持我国科学家参与全球应对气候变化国际重大科学研究计划，参与 IPCC 评估报告编写等国际行动；提高数据共享水平，建设对国际开放的具有自主知识产权的全球与区域数据产品。

参 考 文 献

蔡运龙. 1996. 全球气候变化下中国农业的脆弱性与适应对策. 地理学报, 51 (3): 202-212.

曹宏鑫, 赵锁劳, 葛道阔, 等. 2011. 作物模型发展探讨. 中国农业科学, 44 (17): 3250-3258.

陈成忠, 林振山. 2011. 从国内学术论文看1992年以来长江中下游河湖湿地研究进展. 湿地科学, 8 (2):
    193-203.

程荣香, 张瑞强. 2000. 发展节水灌溉是我国干旱半干旱草原区人工草地建设的必然举措. 草业科学,
    17 (2): 53-56.

崔胜辉, 李旋旗, 李扬, 等. 2011. 全球变化背景下的适应性研究综述. 地理科学进展, 30 (9):
    1088-1098.

《第二次气候变化国家评估报告》编写委员会. 2011. 第二次气候变化国家评估报告. 北京: 科学出版社.

《第三次气候变化国家评估报告》编写委员会. 2015. 第三次气候变化国家评估报告. 北京: 科学出版社.

董巧连, 苑士涛, 梁山, 等. 2010. 基于WebofScience收录的湿地研究文献分析. 安徽农业科学, 38 (8):
    4386-4388.

杜晓利. 2013. 富有生命力的文献研究法. 上海教育科研, (10): 1.

段建平, 王丽丽, 任贾文, 等. 2009. 近百年来中国冰川变化及其对气候变化的敏感性研究进展. 地理科
    学进展, 28 (2): 231-237.

段居琦, 徐新武, 高清竹. 2014. PCC第五次评估报告关于适应气候变化与可持续发展的新认知. 气候变
    化研究进展, 10: 197-202.

段晓男, 王效科, 逯非, 等. 2008. 中国湿地生态系统固碳现状和潜力. 生态学报, 28 (2): 463-469.

范丽军, 符淙斌, 陈德亮. 2005. 统计降尺度法对未来区域气候变化情景预估的研究进展. 地球科学进
    展, 20 (3): 320-329.

方一平, 秦大河, 丁永建. 2009a. 气候变化脆弱性及其国际研究进展. 冰川冻土, (3): 540-545.

方一平, 秦大河, 丁永建. 2009b. 气候变化适应性研究综述. 干旱区研究, 26 (3): 299-305.

冯相昭, 周景博. 2012. Yongping Wei. 中澳适应气候变化比较研究. 环境与可持续发展, (2): 56-60.

傅东平. 2011. 财政政策对提高我国气候变化适应能力的作用研究. 广西师范学院学报, 32 (3):
    119-122.

高辉巧, 牛光辉, 肖献国. 2009. 土地荒漠化驱动因子的灰色综合关联度分析. 人民黄河, 31 (5): 95-96.

高军侠, 党宏斌. 2012. 农业生产适应气候变化的政策回顾. 河南水利与南水北调, 2: 48-50.

国家林业局经济发展研究中心气候变化与生态经济研究室. 2014. 林业适应气候变化国家战略纳入国家安
    全框架. 林业经济, (11): 29-39.

哈拉尔德·韦尔策尔, 汉斯–格奥尔格·泽弗纳, 达娜·吉泽克. 2013. 气候风暴——气候变化的社会现
    实与终极关怀. 金海民等译. 北京:. 中央编译出版社.

韩雪. 2009. 大气CO_2浓度升高对冬小麦生理生态的影响研究. 中国农业科学院.

韩振岭. 2010. 节水型城市建设措施. 水科学与工程技术, (增刊): 30-31.

何璇, 廖翠萍, 黄莹. 2015. 可再生能源战略研究方法综述. 科学: 上海, 67 (1): 48-52.

侯慧, 尹项根, 游大海, 等. 2009. 从 2008 年南方地区雪灾看电力系统设备缺陷. 高电压技术, 35 (3): 584-590.

刘葆, 张倪, 齐福臣. 2011-12-17. 唐山节水型城市建设成效显著. http://tangshan.huanbohainews.com.cn/system/2011/12/17/011087397.shtml.

黄焕平, 马世铭, 林而达, 等. 2013. 不同稻麦种植模式适应气候变化的效益比较分析. 气候变化研究进展, 9: 132-138.

江世亮. 2007. 与暖共舞建设气候变化适应型社会——中国气象局国家气候中心副主任罗勇访谈录. 世界科学, (7): 25-26.

居辉, 李玉娥, 许吟隆, 等. 2010. 气候变化适应行动实施框架. 气象与环境学报, 26 (6): 55-58.

康荣平. 1986. 科技发展战略研究的方法论问题. 社会科学辑刊, (2): 14-17.

科技部社会发展科技司, 中国 21 世纪议程管理中心. 2011. 适应气候变化国家战略研究. 北京: 科学出版社.

科技部社会发展科技司, 中国 21 世纪议程管理中心. 2013. 国家"十一五"应对气候变化科技工作. 北京: 科学出版社.

黎裕, 王建康, 邱丽娟, 等. 2010. 中国作物分子育种现状与发展前景. 作物学报, 36 (9): 1425-1430.

李范, 李敏, 崔雷, 等. 2012. 气候变化与传染病专题文献的计量研究. 现代情报, 32 (4): 95-99.

李峰平, 章光新, 董李勤. 2013. 气候变化对水循环与水资源的影响研究综述. 地理科学, (04): 457-464.

李鹤, 张平宇, 程叶青. 2008. 脆弱性的概念及其评价方法. 地理科学进展, 27 (2): 18-25.

李琳琳. 2014. 我国沿海省市风暴潮灾害脆弱性组合评价研究. 青岛: 中国海洋大学.

李庆祥, 刘小宁, 张洪政, 等. 2003. 定点观测气候序列的均一性研究. 气象科技, 31 (1): 3-10, 22.

李琼, 魏如檀, 周小云, 等. 2011. 1999～2010 年中国节水农业研究的文献计量分析. 安徽农业科学, 39 (26): 16478-16480.

李双成, 吴绍洪, 戴尔阜. 2005. 生态系统响应气候变化脆弱性的人工神经网络模型评价. 生态学报, 25 (13): 621-626.

李庭波, 陈平留, 郑蓉. 2007. 国内期刊生态学文献计量特征. 生态科学, 26 (4): 381-386.

李文平. 1996. 农业保险的种类. 农家参谋, 9: 5.

李晓炜, 付超, 刘健, 等. 2014. 基于生态系统的适应(EBA)——概念、工具和案例. 地理科学进展, 33 (7): 931-937.

李艳, 薛昌颖, 杨晓光, 等. 2009. 基于 APSIM 模型的灌溉降低冬小麦产量风险研究农业工程学报, 25 (10): 271-279.

李祎君, 王春乙. 2010. 气候变化对我国种植结构的影响. 气候变化研究进展, 11 (2): 49-55.

李莹, 高歌, 宋连春. 2014. IPCC 第五次评估报告对气候变化风险及风险管理的新认知. 气候变化研究进展, 10 (4): 260-267.

李永平, 于润玲, 郑运霞. 2009. 一个中国沿岸台风风暴潮数值预报系统的建立与应用. 气象学报, 67 (5): 884-891.

李长生. 2001. 生物地球化学的概念与方法——DNDC 模型的发展. 第四纪研究, 21 (2): 89-99.

林忠辉, 莫兴国, 项月琴. 2003. 作物生长模型研究综述. 作物学报, 29 (5): 750-758.

刘冰, 薛澜. 2012. "管理极端气候事件和灾害风险特别报告"对我国的启示. 中国行政管理, (3): 92-95.

刘布春, 王石立, 马玉平. 2002. 国外作物模型区域应用研究进展. 气象科技, 30 (4):: 193-203.

刘鸿波，张大林，王斌. 2006. 区域气候模拟研究及其应用进展. 气候与环境研究，11（5）：649-668.

刘平一，崔增辉. 2003. 我国年鉴发展的现状及对策研究. 现代情报，（3）：19-22.

刘时银，丁永建，李晶，等. 2006. 中国西部冰川对近期气候变暖的响应. 第四纪研究，26（5）：762-771.

刘文泉. 2002. 农业生产对气候变化的脆弱性研究方法初探. 南京气象学院学报，25（2）：214-220.

陆忠民，吴彩娥. 2013. 上海长江水源地青草沙水库工程. 水利规划与设计，（12）：97.

门洪华. 2009. 中国国际战略研究的议程与方法. 教学与研究，（2）：53-58.

孟凤霞，王义冠，冯磊，等. 2015. 我国登革热疫情防控与媒介伊蚊的综合治理. 中国媒介生物学及控制杂志，（261）：4-10.

牛书丽，韩兴国，马克平，等. 2007. 全球变暖与陆地生态系统研究中的野外增温装置. 植物生态学报，31（2）：262-271.

潘韬，刘玉洁，张九天，等. 2012. 适应气候变化技术体系的集成创新机制. 中国人口·资源与环境，22：1-5.

潘志华，郑大玮. 2013. 适应气候变化的内涵、机制与理论研究框架初探. 中国农业资源与区划，34（6）：15-20.

彭鹏，张韧，洪梅，等. 2015. 气候变化影响与风险评估方法的研究进展. 大气科学学报，38（2）：155-164.

彭斯震，何霄嘉，张九天，等. 2015. 中国适应气候变化政策现状、问题和建议. 中国人口. 资源与环境，（09）：1-7.

《气候变化国家评估报告》编写委员会. 2007. 气候变化国家评估报告. 北京：科学出版社.

钱凤魁，王文涛，刘燕华. 2014. 农业领域应对气候变化的适应措施与对策. 中国人口·资源与环境，24（5）：19-24.

秦大河. 2012. 中国气候与环境演变（2012综合卷）. 北京：气象出版社.

任国玉，封国林，严中伟. 2010. 中国极端气候变化观测研究回顾与展望. 气候与环境研究，15（4）：337-353.

任文华，杨光，魏辅文，等. 2002. 马边大风顶自然保护区大熊猫种群生存力模拟分析. 兽类学报，22（4）：264-269.

任玉玉，任国玉，张爱英. 2010. 城市化对地面气温变化趋势影响研究综述. 地理科学进展，29（11）：1301-1310.

芮孝芳，黄国如. 2004. 分布式水文模型的现状与未来. 水利水电科技进展，24（2）：55-58.

卢博林. 2010-12-13. 深圳创建节水型城市见成效. 深圳新闻网 http：//roll. sohu. com/20101213/n301081212. shtml.

盛春蕾，吕宪国，尹晓敏，等. 2012. 基于webofscience的1899~2010年湿地研究文献计量分析. 湿地科学，10（1）：92-101.

石先武，谭骏，国志兴，等. 2013. 风暴潮灾害风险评估研究综述. 地球科学进展，28（8）：866-874.

孙成永，康相武，马欣. 2013. 我国适应气候变化科技发展的形势与任务. 中国软科学，10：182-185.

孙傅，何霄嘉. 2014. 国际气候变化适应政策发展动态及其对中国的启示. 中国人口·资源与环境，24（5）：1-9.

孙宁，冯利平. 2005. 利用冬小麦作物生长模型对产量气候风险的评估. 农业工程学报，21（2）：106-110.

孙永福. 2005. 青藏铁路多年冻土工程的研究与实践. 冰川冻土，27（2）：5-14.

唐为安，马世铭，吴必文，等. 2010. 全球气候变化背景下农业脆弱性评估方法研究进展. 安徽农业科学，

（25）：13847-13849.

童国庆. 2009. 澳大利亚水资源利用规划. 水利水电快报，（01）：10-11.

UNDP. 2008. 人类发展报告 2007/2008—应对气候变化：分化世界中的人类团结. http：//www. cn. undp. org/content/china/zh/home/library. html. [2015-07-01].

UNDP. 2008. 适应政策框架（细化）技术报告. http：//www. cn. undp. org/content/china/zh/home/library. html. [2015-07-01].

汪庆庆，李永红，丁震，等. 2014. 南京市高温热浪与健康风险早期预警系统试运行效果评估. 环境与健康杂志，31（5）：382-384.

汪勋清，刘录祥. 2008. 植物细胞工程研究应用与展望. 核农学报，22（5）：635-639.

王斌，周天军，俞永强，等. 2008. 气象学报，66（6）：857-869.

王馥棠，刘文泉. 2003. 黄土高原农业生产气候脆弱性的初步研究. 气候与环境研究，8（1）：91-100.

王建国等. 2012. 中国农业综合开发适应气候变化理论与实践. 北京：中国财政经济出版社.

王金平，高峰，唐钦能，等. 2011. 国际海洋生态系统研究态势及对我国的启示. 科学观察，6（6）：19-31.

王琳，郑有飞，于强，等. 2007. APSIM 模型对华北平原小麦-玉米连作系统的适用性. 应用生态学报，18（11）：2480-2486.

王宁，张利权，袁琳，等. 2012. 气候变化影响下海岸带脆弱性评估研究进展. 生态学报，32（7）：2248-2258.

王巍，许新，宜王成 等. 2013. 北京市暴雨内涝的现状分析. 中国环境科学学会学术年会论文集，6840-6846.

王遥，刘倩. 2012. 气候融资：全球形势及中国问题研究. 环球金融，9：34-42.

王志武，杨安良. 2015. 相控阵多普勒天气雷达技术发展展望. 气象科技，43（4）：561-568，639.

卫红，王小辉，莫忠，等. 2014. 基于 3G 传输网络的道路气象预警系统. 自动化与信息工程，35（3）：17-20.

温克刚. 2002-07-23. 气候变化对生态环境和人类健康的影响及适应对策. http：//www. ccchina. gov. cn/Detail. aspx？newsId=28480&TId=62 [2015-10-08].

吴海军，陆建兵，李兆明，等. 2014. 基于脉冲压缩技术的全固态天气雷达. 现代雷达，36（7）：5-9.

吴婧，施明旻，周渝. 2012. 气候变化融入环评的国际经验及借鉴. 环球瞭望，43-44.

吴绍洪，戴尔阜，黄玫，等. 2007. 21 世纪未来气候变化情景（B2）下我国生态系统的脆弱性研究. 科学通报，52（7）：811-817.

武峻新，郝刚. 1993. 美国国家植物种质资源系统. 世界农业，（02）：21-22.

夏军，刘春蓁，任国玉. 2011. 气候变化对我国水资源影响研究面临的机遇与挑战. 地球科学进展，26（1）：1-12.

夏军，邱冰，潘兴瑶，等. 2012. 气候变化影响下水资源脆弱性评估方法及其应用. 地球科学进展，27（4）：443-451.

夏军，石卫，雒新萍，等. 2015. 气候变化下水资源脆弱性的适应性管理新认识. 水科学进展，26（2）：279-286.

项保华，张建东. 2005. 案例研究方法和战略管理研究. 自然辩证法通讯，27（5）：62-66.

谢丽，张振克. 2010. 近 20 年中国沿海风暴潮强度、时空分布与灾害损失. 海洋通报，29（6）：690-696.

于杨. 2014-11-7. 中大研发"疫苗"让雄蚊携带 令蚊群断子绝孙. 新快报. http：//news. sohu. com/20141107/n405852702. shtml.

熊伟. 2009. 气候变化对中国粮食生产影响的模拟研究. 北京: 气象出版社.

徐宗学. 2010. 水文模型: 回顾与展望. 北京师范大学学报 (自然科学版), 46 (3): 278-289.

许吟隆, 郑大玮, 刘晓英, 等. 2014. 中国农业适应气候变化关键问题研究. 北京: 气象出版社.

许吟隆, 郑大玮, 李阔, 等. 2013a. 边缘效应: 一个适应气候变化新概念的提出. 气候变化研究进展, 9 (5): 376-378.

许吟隆, 吴绍洪, 吴建国, 等. 2013b. 气候变化对中国生态和人体健康的影响与适应. 北京: 科学出版社.

许吟隆, 郑大玮, 刘晓英, 等. 2014. 中国农业适应气候变化关键问题研究. 北京: 气象出版社.

闫红飞, 王船海, 文鹏. 2008. 分布式水文模型研究综述. 水电能源科学, 26 (6): 1-4.

杨连新, 王云霞, 朱建国, 等. 2009. 十年水稻FACE研究的产量响应. 生态学报, 29 (3): 1486-1497.

杨晓光, 刘志娟, 陈阜. 2010. 全球气候变暖对中国种植制度可能影响 I. 气候变暖对中国种植制度北界和粮食产量可能影响的分析. 中国农业科学, 43 (2): 329-336.

杨耀中, 彭模, 刘明, 等. 2014. 海平面上升对中国沿海地区的影响. 科技资讯, 3: 213-214.

叶培聪. 2010. 农业综合节水灌溉措施. 现代农业科技, (15): 288-289.

殷永元. 2002. 气候变化适应对策的评价方法和工具. 冰川冻土, 24 (4): 426-432.

殷永元, 王桂新. 2004. 全球气候变化评估方法及其应用. 北京: 高等教育出版社.

尹志聪, 袁东敏, 丁德平, 等. 2014. 香山红叶变色日气象统计预测方法研究. 气象, 40 (2): 229-233.

袁瑞强, 龙西亭, 王鹏, 等. 2015. 白洋淀流域地下水更新速率. 地理科学进展, 34 (3): 381-388.

曾静静, 曲建升. 2013. 欧盟气候变化适应政策行动及其启示. 世界地理研究, 22 (04): 117-126.

曾静静, 王琳, 曲建升, 等. 2011. 气候变化适应研究国际发展态势分析. 科学观察, 6 (6): 32-37.

曾庆存, 周广庆, 浦一芬, 等. 2008. 地球系统动力学模式及模拟研究. 大气科学, 32 (4): 653-690.

曾四清, 罗焕金, 马文军, 等. 2012. 适应气候变化, 减少健康危害. 华南预防医学, (05): 76-79.

张波, 曲建升, 王金平. 2011. 国际生态学研究发展态势文献计量分析. 生态环境学报, 20 (4): 786-792.

张东旭, 周增产, 卜云龙, 等. 2011. 植物组织培养技术应用研究进展. 北方园艺, 6: 209-213.

张雪艳, 何霄嘉, 孙傅. 2015. 中国适应气候变化政策评价. 中国人口资源与环境, 25 (9): 45-48.

张英喆. 2011. 技术路线图方法在安全生产科技规划战略研究中的应用. 中国安全生产科学技术, 07 (6): 13-17.

张勇, 刘时银, 丁永建. 2005. 中国西部冰川度日因子的空间变化特征. 地理学报, 61 (1): 89-98.

赵东升, 李双成, 吴绍洪. 2006. 青藏高原的气候植被模型研究进展. 地理科学进展, 25 (4): 68-78.

赵桂久, 刘燕华, 赵名茶, 等. 1995. 脆弱生境与贫困桂西北喀斯特山区研究, 生态环境综合整治和恢复技术研究 (二). 北京: 科学技术出版社.

赵慧霞, 吴绍洪, 姜鲁光. 2007. 自然生态系统响应气候变化的脆弱性评价研究进展. 应用生态学报, 1 (2): 445-450.

赵秀兰. 2010. 近50年中国东北地区气候变化对农业的影响. 东北农业大学学报, 46 (9): 150-155.

赵艳霞, 何磊, 刘寿东, 等. 2007. 农业生态系统脆弱性评价方法. 生态学杂志. 26 (5): 754-758.

赵跃龙, 张玲娟. 1998. 脆弱生态环境定量评价方法的研究. 地理科学, 18 (1): 73-79.

甄文东. 2014. 中国国际战略理论: 一种框架性分析. 中共中央党校.

郑大玮. 2014-02-27. 适应与减缓并重, 构建气候适应型社会——专家学者解读《国家适应气候变化战略》之一. 中国改革报.

郑景云, 葛全胜, 郝志新, 等. 2002. 气候增暖对我国近40年植物物候变化的影响. 科学通报, 47 (20):

1582-1587.

郑莉，张霞，郑冰. 2013. 发展战略研究方法及应用. 北京：经济科学出版社.

中国科学院烟台海岸带研究所. 2015a. 海岸带研究动态监测. 中国科学院烟台海岸带研究所图书馆，（1）：3-4.

中国科学院烟台海岸带研究所. 2015b. 海岸带研究动态监测. 中国科学院烟台海岸带研究所图书馆，（1）：5-6.

"中外统计年鉴比较研究"课题组. 2008. 中外统计年鉴比较研究. 统计研究, 25（3）：90-101.

周洪建. 2011. 灾害移民的未来动向：从"因灾移民"至"因险移民". 中国减灾, 11：38-39.

周景博，冯相昭. 2011. 适应气候变化的认知与政策评价. 中国人口-资源与环境, 21：57-61.

周景博，薛伊寰，李华友，等. 2013. 试论生态功能保护区适应气候变化的对策. 环境保护, 42（2）：51-53.

周晓农. 2010. 气候变化与人体健康. 气候变化研究进展, 6（4）：235-240.

朱建国. 2002. 农田生态系统对大气二氧化碳浓度升高响应——中国水稻/小麦 FACE 研究. 应用生态学报, 10：1199.

朱建华，侯振宏，张治军，等. 2007. 气候变化与森林生态系统：影响、脆弱性与适应性. 林业科学, 43（11）：138-145.

朱琦. 2012. 气候变化健康脆弱性评估. 华南预防医学, 38（4）：69-72.

朱新开，刘晓成，孙陶芳，等. 2011. FACE 条件下 O_3 浓度增高对小麦产量和籽粒充实的影响. 中国农业科学, 44（6）：1100-1108.

Ainsworth E A, Calfapietra C, Ceulemans R, et al. 2008. Next generation of elevated [CO_2] experiments with crops: a critical investment for feeding the future world. Plant, 31（9）：1317-1324.

Ainsworth E A, Long S P. 2005. What have we learned from 15 years of free-air CO_2 enrichment (FACE)? A meta-analytic review of the responses of photosynthesis, canopy. New Phytologist, 165：351-372.

Amthor J S. 1995. Terrestrial higher-plant response to increasing atmospheric [CO_2] in relation to the global carbon cycle. Global Change Biology, 1：243-274.

Australian Government. 2010. Adapting to Climate Change in Australia: An Australian Government Position Paper. Barton: Commonwealth of Australia.

Blanco H, Alberti M, Forsyth A, et al. 2009. Hot, congested, crowded and diverse: emerging research agendas in planning. Progress in Planning, 71（4）：153-205.

Ceulemans R, Mousseau M. 1994. Effects of elevated atmospheric CO_2 on woody plants. New Phytologist, 127：425-446.

Chen C, Wang E, Yu Q. 2010. Modelling the effects of climate variability and water management on crop water productivity and water balance in the North China Plain. Agric Water Manage, 97：1175-1184.

CMIP. 1995. CMIP - Coupled Model Intercomparison Project - Overview. http://cmip-pcmdi. llnl. gov/index. html? submenuheader=0 [2015-10-08].

Commission of the European Communities. 2007-06-29. Adapting to Climate Change in Europe - Options for EU Action. COM（2007）354 final. http://eur-lex. europa. eu/LexUriServ/LexUriServ. do? uri=COM：2007：0354：FIN：EN：PDF [2013-10-19].

Commission of the European Communities. 2009-04-01. Adapting to Climate Change: Towards a European Framework for Action. COM（2009）147 final. http://eur-lex. europa. eu/LexUriServ/LexUriServ. do? uri=COM：2009：0147：FIN：EN：PDF [2013-10-19].

Curtis P S. 1996. A meta-analysis of leaf gas exchange and nitrogen in trees grown under elevated carbon dioxide. Plant, Cell & Environment, 19: 127-137.

Department of Climate Change and Energy Efficiency. 2007-04. National Climate Change Adaptation Framework. http://www. climatechange. gov. au/sites/climatechange/files/documents/03 _ 2013/nccaf. pdf [2013-10-19].

Department of Environmental Affairs and Tourism. 2004. A National Climate Change Response Strategy for South Africa. Pretoria: Department of Environmental Affairs and Tourism.

Drake B G, Gonzàlez-Meler M A, Long S P. 1997. More efficient plants: a consequence of rising atmospheric CO_2?. Annual Review of Plant Physiology and Plant Molecular Biology, 48: 609-639.

Ebi K L, Burton I. 2008. Identifying practical adaptation options: an approach to address climate change-related health risks. Environmental Science and Policy, 11 (4): 359-369.

Edwards F, Dixon J, Friel S, et al. 2011. Climate change adaptation at the intersection of food and health. Asia Pacific Journal of Public Health, 23 (2): 91-104.

European Commission. 2013-04-16. An EU Strategy on adaptation to climate change. COM (2013) 216 final. http://eur-lex. europa. eu/LexUriServ/LexUriServ. do? uri=COM: 2013: 0216: FIN: EN: PDF [2013-10-19].

European Environment Agency. 2013. Adaptation in Europe - Addressing risks and opportunities from climate change in the context of socio- economic developments. EEA report No. 3/2013. Copenhagen: European Environment Agency.

Executive Office of the President. 2013-06-13. The President's Climate Action Plan. http://www. whitehouse. gov/sites/default/files/image/president27sclimateactionplan. pdf [2013-10-19].

Food and Agriculture Organization (FAO). 2007. Adaptation to Climate Change in Agriculture, Forestry and Fisheries: Perspective, Framework and Priorities. Rome: FAO.

Future Earth. 2014a. Future Earth 2025 Vision. Paris: International Council for Science (ICSU).

Future Earth. 2014b. Strategic Research Agenda 2014: Priorities for a global sustainability research strategy. Paris: International Council for Science (ICSU).

Garg A, Dhiman R C, Bhattacharya S, et al. 2009. Development, malaria and adaptation to climate change: a case study from India. Environmental Management, 43 (5): 779-789.

Government of the Russian Federation. 2011-04-25. A Comprehensive Plan for Implementation of the Climate Doctrine of the Russian Federation for the Period up to 2020. http://global-climate-change. ru/index. php/en/officialdocuments/lawsanddecision/107-udtvergden-plan-realiz-kd-rf-do-2020-[2013-10-19].

Gunderson C A, Wullschleger S D. 1994. Photosynthetic acclimation in trees to rising atmospheric CO_2: a broader perspective. Photosynthesis Research, 39: 369-388.

Hamin E M, Gurran N. 2009. Urban form and climate change: balancing adaptation and mitigation in the U. S. and Australia. Habitat International, 33 (3): 238-245.

Han X, Hao X, Shu K L, et al. 2015. Yield and nitrogen accumulation and partitioning in winter wheat under elevated CO_2: A 3-year free-air CO_2 enrichment experiment. Agriculture Ecosystems & Environment, 209: 132-137.

Hanley N, Spash C L. 1993. Cost benefit analysis and the environment. Cheltenham. UK: Edward Elgar, 8-20.

Hendrey G R, Lewin K F, Nagy J. 1993. Free air carbon dioxide enrichment: development, progress, results. Vegetatio, 104/105: 17-31.

Hoogenboom G, Wilkens P W , Tsuji G Y . 1999. DSSAT v3. Volume 4. University of Hawaii, Honolulu, Hawaii, 286.

Hoosbeek M R, Vos J M, Bakker E J, et al. 2006. Effects of free atmospheric CO_2 enrichment (FACE), N fertilization and poplar genotype on the physical protection of carbon in the mineral soil of a polar plantation after five years. Biogeosciences, 3: 479-487.

Huang C, Vaneckova P, Wang X, et al. 2011: Constraints and barriers to public health adaptation to climate change: a review of the literature. American Journal of Preventive Medicine, 40 (2): 183-190.

Huntjens P, Pahl- Wostl C, Grin J. 2010. Climate change adaptation in European river basins. Regional Environmental Change, 10 (4): 263-284.

Ineson P, Benham D G, Poskitt J, et al. 1998. Effects of climate change on nitrogen dynamics in upland soils. 2. A soil warming study. Global change biology, 4: 153-161.

IPCC. 2007. Contribution of Working Group II to the Fourth Assessment Report of the Intergovernmental Panel on Climate Change, 2007. New York: Cambridge University Press.

IPCC (The Working Group Ⅱ). 2014. Climate Change 2014: Impactes, Adaptation and Vulnerability. WMO, UNEP.

IPCC. 1990a. Climate Change: The IPCC Impacts Assessment. Report Prepared for IPCC by Working Group II. Camberra: Australian Government Publishing Service.

IPCC. 1990b. Climate Change: The IPCC Response Strategies. Report Prepared for IPCC by Working Group III. https: //www. ipcc. ch/publications_ and_ data/publications_ ipcc_ first_ assessment_ 1990_ wg3. shtml [2016-03-03].

IPCC. 1996. Climate Change 1995: Impacts, Adaptations and Mitigation of Climate Change: Scientific-Technical Analyses. Contribution of Working Group II to the Second Assessment Report of the Intergovernmental Panel on Climate Change. Cambridge: Cambridge University Press.

IPCC. 2001a. IPCC Third Assessment Report: Climate Change 2001. Cambridge: Cambridge University Press.

IPCC. 2001b. Climate Change 2001: Impact, Adaptation and Vulnerability. Contribution of Working group Ⅱ to the Fourth Assessment Report of the Intergovernmental Panel on Climate Change. New York: Cambridge University Press.

IPCC. 2007. Climate Change 2007: Impacts, Adaptation and Vulnerability. Contribution of Working Group II to the Fourth Assessment Report of the Intergovernmental Panel on Climate Change. Cambridge: Cambridge University Press.

IPCC. 2012. Managing the risk of extreme events and disasters to advance climate change adaptation: a special report of working groups I and II of the Intergovernmental Panel on Climate Change. Cambridge: Cambridge University Press.

IPCC. 2013. Climate Change 2013: The Physical Science Basis. Contribution of Working Group I to the Fifth Assessment Report of the Intergovernmental Panel on Climate Change. Cambridge: Cambridge University Press.

IPCC. 2014. Climate Change 2014: Impacts, Adaptation, and Vulnerability. Cambridge: Cambridge University prese.

JICA. 2010. Direction of JICA's operation addressing climate change. Tokyo: JICA.

Jones C A, Kiniry J R. 1986. CERES- MAIZE a simulation model of maize growth and development. Texas: Texas A&M University Press.

Jones H P, Hole D G, Zavaleta E S. 2012. Harnessing nature to help people adapt to climate change. Nature

Climate Change, 2: 504-509.

Kimball B A. 1983. Carbon dioxide and agricultural yield: an assemblage and analysis of 430 prior observations. Agronomy Journal, 75: 779-788.

Kiparsky M, Milman A, Vicuan S. 2012. Climate and water: knowledge of impacts to action on adaptation. Annual Review of Environment and Resources, 37 (1): 163-194.

Koetse M J, Rietveld P. 2012. Adaptation to climate change in the transport sector. Transport Reviews, 32 (3): 267-286.

Lai Y M, Li J J, Niu F J, et al. 2015 Nonlinear thermal analysis for Qing-Tibet railway embankments in cold regions. Journal of Cold Regions Engineering, 17 (4): 171-84.

Lam S K, Chen D, Norton R, et al. 2012. Nitrogen demand and the recovery of 15N-labelled fertilizer in wheat grown under elevated carbon dioxide in southern Australia. Nutrient Cycling in Agroecosystems, 92 (2): 133-144.

Leakey A D B, Ainsworth E A, Bernard S M, et al. 2009. Gene expression profiling—Opening the black box of plant ecosystem responses to global change. Global Change Biology, 15 (5): 1201-1213.

Lewin K F, Hendrey G R, Nagy J, et al. 1994. Design and application of a free-air carbon dioxide enrichment facility. Agricultural and Forest Meteorology, 70: 15-29.

MacLean D. 2008. ICTs, Adaptation to Climate Change, and Sustainable Development at the Edges. Winnipeg: International Institute for Sustainable Development.

McEvoy D, Lindley S, Handley J. 2006. Adaptation and mitigation in urban areas: synergies and conflicts. Proceedings of the Institution of Civil Engineers: Municipal Engineer, 159 (4): 185-191.

Meehl GA, Covey C, Delworth T, et al. 2007. The WCRP CMIP3 multimodel dataset: A new era in climate change research. American Meteorological Society, 88 (9): 1383-1394.

Melillo J M, Richmond T C, Yohe G W. 2014. Climate Change Impacts in the United States: The Third National Climate Assessment. Washington, DC: U. S. Global Change Research Program.

Mentens J, Raes D, Hermy M. 2006. Green roofs as a tool for solving the rainwater runoff problem in the urbanized 21st century? Landscape and Urban Planning, 77: 217-226.

Ministry of Ecology and Sustainable Development. 2004-09-20. Climate Plan 2004. http://www. developpement-durable. gouv. fr/IMG/ecologie/pdf/PLAN-CLIMAT-2004-2. pdf [2013-10-19].

Ministry of Ecology, Sustainable Development, Transport and Housing. 2011-10-12. National Climate Change Adaptation Plan. http://www. developpement-durable. gouv. fr/IMG/pdf/ONERC_ PNACC_ Eng_ part_ 1. pdf [2013-10-19].

Morecroft M D, Cowan C E. 2010. Responding to climate change: an essential component of sustainable development in the 21st century. Local Economy, 25 (3): 170-175.

Morgan P B, Ainsworth E A, Long S P. 2003. How does elevated ozone impact soybean? A meta-analysis of photosynthesis, growth and yield. Plant, 26 (8): 1317-1328.

National Observatory on the Effects of Global Warming. 2006-11. National Strategy for Adaptation to Climate Change. http://www. developpement-durable. gouv. fr/IMG/pdf/ONERC_ The_ French_ National_ Strategy_ for_ Adaptation_ to_ Climate_ Change. pdf [2013-10-19].

Norby R J, Wullschleger S D, Gunderson C A, et al. 1999. Tree responses to rising CO_2 in field experiments: implications for the future forest. Plant, Cell & Environment, 22: 683-714.

Pramova E, Locatelli B, Brockhaus M, et al. 2012. Ecosystem services in the National Adaptation Programmes of

Action. Climate Policy, 12 (4): 393-409.

Ranger N, Garbett- Shiels S L. 2012. Accounting for a changing and uncertain climate in planning and policymaking today: lessons for developing countries. Climate and Development, 4 (4): 288-300.

Sovacool B K, Agostino A L D, Meenawat H, et al. 2012. Expert views of climate change adaptation in least developed Asia. Journal of Environmental Management, 97: 78-88.

Stokes C, Howden M. 2010. Adapting Agriculture to Climate Change: Preparing Australian Agriculture, Forestry and Fisheries for the Future. Canberra: CSIRO Publishing.

Taylor K E, Stouffer R J, Meehl G A. 2008. A Summary of the CMIP5 Experiment Design. http://www. clivar. org/organization/wgcm/references/Taylor_ CMIP5. pdf [2015-10-08].

Taylor K E, Stouffer R J, Meehl G A , et al. 2012. An overview of CMIP5 and the experiment design. American Meteorological Society, 93 (4): 485-498.

The World Bank. 2006. Managing climate risk: integrating adaptation into world bank group operations. Washington, DC: The World Bank.

US Global Change Research Program (USGCRP). 2012. The National Global Change Research Plan 2012-2021: A Strategic Plan for the US Global Change Research Program. Washington, DC: USGCRP.

USAID. 2014- 12. USAID Global climate change initiative: Program profiles. https://www. usaid. gov/climate/program-profiles [2016-03-03].

附录　重点领域适应气候变化技术清单

附表　重点领域适应气候变化技术清单

指标 \ 阶段	近期 2020 年（瞄准"十三五"）	中远期 2025~2030 年
关键技术	**农业：** 农田基本建设（水利、基础设施等）技术、作物抗逆（抗旱、耐涝、耐高温、抗病虫等）品种选育技术、作物应变耕作栽培技术、农业种植结构调整技术、作物病虫害防治技术、农业适应气候变化保险技术等	**农业：** 关键技术的进一步研发；农业适应气候变化的法规政策体系；农业适应资金筹集和管理体制等
	森林： 森林生态系统固碳增汇技术；气候变化对森林生态系统影响与风险评估技术；森林动态监测与模拟技术；森林灾害预警技术	**森林：** 森林生态系统减排经营技术；森林生态系统自适应性保护技术；森林灾害防治技术
	草原： 草牧业气候变化风险评估与监测预警技术；草原固碳增汇及生产力提升技术；草地培育及适应性管理技术	**草原：** 草牧业气候风险与保险；草地培育与固碳技术；基于大数据的智慧牧场管理技术
	湿地： 健康湿地技术体系、负碳湿地技术体系、节水湿地技术体系	**湿地：** 水陆交互生态复合资源利用技术体系、EBA湿地管理技术体系
	生物多样性： 发展适应气候变化的濒危物种、遗传多样性、生态系统和区域尺度上生物多样性监测技术，提出针对气候变化风险的就地保护管理技术、生态系统管理技术和物种迁徙过程的廊道构建技术	**生物多样性：** 从遗传多样性、物种多样性、生态系统多样性水平针对不同区域特点和生物类群提出监测和保护技术
	人体健康： 气候变化对人体健康影响的监测、评估与预警技术	**人体健康：** 气候变化与人体健康联动的监测系统；我国气候变化与人体健康风险可视化动态决策支持系统和公共信息服务系统
	冰川： 针对冰雪和高风险冰湖的高分辨率多源遥感监测技术；面向高寒地区的降水/雪的反演技术；流域尺度不同规模冰川对气候变化的动力响应模拟技术	**冰川：** 基于多元遥感的冰雪陆面过程同化技术和数据产品开发；基于区域气候模式耦合冰雪水文过程的模拟系统，流域冰雪灾害识别和风险管理技术

指标 / 阶段	近期 2020 年（瞄准"十三五"）	中远期 2025～2030 年
技术状况	**农业：** 农田基本建设技术、作物应变耕作栽培技术、农业种植结构调整技术、作物病虫害防治技术在已有基础上发展的比较完善，与国外对比处于相同水平，并具有明显的区域特色；作物抗逆品种选育技术、农业适应气候变化保险技术与国外相比尚处于初级阶段，仍有很大的发展空间	**农业：** 农业适应气候变化法规政策体系、农业适应资金筹集和管理体制与国外对比，尚处于初级阶段，但两者差距并不太大
	森林： 国内开始进行初探，国际上处于发展初期	**森林：** 国际上初探，国内领先
	草原： 草牧业气候变化风险评估与监测预警技术国际上处于相对成熟发展阶段，国内处于发展初期； 草原固碳增汇及生产力提升、草地培育及适应性管理技术国际内外均处于发展初期	**草原：** 草牧业气候风险评估与灾害保险、基于大数据的智慧牧场技术国内外均处于起步阶段
	湿地： 健康湿地技术体系：种质资源恢复重建技术（如种子库技术）和入侵种去除技术（如人工清除）国内外相对比较成熟；"十二五"期间东北地区针对东方白鹳采用并推广了人工巢适应技术，效果显著；微生境构造技术也有零星开展，比如在松嫩平原西部盐碱湿地，通过微地貌修饰促进芦苇壮苗萌发，构造松花江沿岸梯状缓坡恢复带状水生湿生植被等，还需要进一步集成和推广；人工食物链抚育技术还处于探索阶段 负碳湿地技术体系：湿地碳增汇技术已相对成熟，从水分管理到养分管理，都可以实现对现有湿地增加有机碳汇的目的。泥炭地的复湿和碳封存也成为 IPCC 推荐的湿地管理模式之一。相比之下，湿地作为全球最大的甲烷自然排放源，尽管目前国内外还没有形成湿地甲烷减排技术体系，但在稻田管理中已有探索，如通过改变种植模式、种子、肥料类型等。2015 年 6 月，*Nature Communications* 上发表的一项研究显示，除滨海湿地外，淡水湿地也可以通过硫酸盐/硝酸盐还原厌氧氧化去除自己生成的多达 50% 的甲烷；此外，异化铁还原也是湿地中抑制产甲烷过程的重要机制。甲烷氧化产生二氧化碳，即甲烷减排的同时二氧化碳的排放却增加了。因此，甲烷减排需与二氧化碳减排同时考虑 节水湿地技术体系：在开源方面，国内外湿地跨流域调水、流域内配水已有多年历史，水力连通方面目前国内长江流域开展过江湖连通，松嫩平原西部开展着河湖连通也已取得一定成功；而通过工程措施提高湿地的有效库容，实现冰雪融水和降雨，特别湿地极端暴雪暴雨的资源化还未形成技术体系。在节流方面，河渠集水反哺湿地在东北三江平原地区已有零星开展；而农业用水高峰期给定最小生存水量和最低生态水位的"错时"湿地节水技术还处于探索阶段	**湿地：** 水陆交互生态复合资源利用技术体系：2014 年国际湿地日的主题是"湿地与农业——共同成长的伙伴"，肯定了湿地与农业之间千丝万缕的联系。从争水争地到和谐共生，国内外已有多个成熟的湿地农业技术案例，如尼罗河三角洲芦苇管理技术、东北平原沼泽"稻–苇–鱼"复合生态技术、黄河三角洲高效立体混养型生态渔业技术、长江中下游滩地立体水生植物栽培技术、珠江三角洲基塘生态农业综合开发技术等 EBA 湿地管理技术体系：过去 10 年，随着生态系统服务概念的发展，形成了一种新的研究模式，即综合生态、社会、经济多方面因素的考虑来进行更合理更明智的抉择。国际社会也逐渐认识到湿地生态系统的脆弱性、气候变化对湿地生态系统的影响及其在适应方面的作用，将生态系统管理融入到适应技术中。国内外通过社会经济手段提高湿地适应能力的案例很多，但尚未形成系统的技术体系

续表

阶段 指标	近期2020年（瞄准"十三五"）	中远期2025～2030年
技术状况	**生物多样性：** 国外关注濒危物种生境及种群及其生态系统动态监测已有几十年的历史，收集到了非常详实的数据。而我国对野生动物的监测基本上还依赖于传统的样线、样方等方式，对种群数量和生态系统多样性几乎无数据，因此难以对濒危物种和生态系统、生物多样性保护优先地区开展有效的管理与保护。整合GIS、红外相机、物联网等先进技术，构建濒危物种、生态系统和优先区动态监测体系，为提高生物多样性保护的有效性、针对性服务。景观遗传学整合了微观层面的机理研究和宏观层面的管理策略，可以为景观管理和物种保护提供科学依据。目前国外的研究已涉及很多物种和区域，而国内的研究开展的较晚，物种和区域也极为有限，因此构建基于景观遗传学的生境保护与廊道构建技术，可以改善景观和遗传连通性，提高生物多样性保护的成效	**生物多样性：** 在十三五基础上，针对不同地区和类群面临的气候变化风险，发展不同的适应技术，减少生物多样性威胁，有效保护生物多样性和生态系统功能
	人体健康： 我国相关技术模型多局限在一定区域、某种疾病类型，准确性仍待提高	**人体健康：** 气候–健康联动系统逐步发展，气候变化影响下的决策支持系统初步形成
	冰川： 地面自动监测向资料空白地区冰川积雪监测扩展；现有冰雪产品算法优化和新技术应用算法开发；数字高程模型提取；基于现有冰川变化认识的流域水文模型优化和改进	**冰川：** 面向中国和国际卫星网络的全球同步的冰雪动态产品发布；不同规模冰川对动力变化的同步模拟系统；耦合冰雪过程的多尺度流域水文模拟平台
发展目标	**农业：** 将关键技术进行有机组合，构建农业综合适应气候变化技术体系	**农业：** 构建与中国国情相协调的农业适应气候变化法规政策体系与资金筹集机制
	森林： 增强森林生态系统固碳增汇能力，发挥森林增汇功能；明晰气候变化影响和风险变化趋势和重点区域；完善森林数据库和模拟能力、预警决策支持平台	**森林：** 完善森林减排经营系统，了解森林生态系统自适应机制，促进灾害防治技术发展成熟
	草原： 缓解气候变化背景下草原生态退化进程，提高草原生产力以及生态系统服务功能，完善草原碳库及草牧业生产系统	**草原：** 建立草牧业气候灾害保险体系；实现基于大数据的草原气候变化影响监测和风险管理

阶段 指标	近期 2020 年（瞄准"十三五"）	中远期 2025～2030 年
发展目标	湿地： 健康湿地技术体系：通过将现有技术整合，形成具有普适性的技术框架，再根据不同地区不同湿地类型分别研发针对性的适应技术 负碳湿地技术体系：通过技术集成，在提高单位面积湿地固碳能力的基础上实现甲烷和二氧化碳的同时减排 节水湿地技术体系：冰雪融水和降雨就地资源化、河渠集水反哺和错时节水技术的部分或全部成功，可显著提高缺水湿地的寿命和抗极端气候事件风险能力	湿地： 水陆交互生态复合资源利用技术体系：湿地农业现代化（产出高效、产品安全、资源节约、环境友好） EBA 湿地管理技术体系：构建"保护区-社区-政府主管部门-科研机构-NGOs/志愿者-公司"等包涵所有利益相关方和参与者在内的 EBA 湿地管理技术体系，形成湿地保护和合理利用的合力
	生物多样性： 建立研究示范基地，保证濒危物种、生态系统多样性、优先区处于稳定或良性发展状态，提高生境质量和景观连通性，评估管理措施对生物多样性影响	生物多样性： 全国典型珍稀濒危物种和生态系统的气候变化风险得到有效控制
	人体健康： 提升极端天气事件对健康影响的预测预警及响应能力；提升主要媒介传染病的防控能力	人体健康： 明确气候变化健康风险，形成决策支持与公共服务体系
	冰川： 提高高寒地区降水/雪数据产品精度，发展新的降水反演技术；完善冰雪流域日尺度水文过程模拟能力，提升冰雪洪水识别能力	冰川： 多尺度冰雪动态变化和高寒地区降水/雪监测及其标准化数据产品；冰雪流域日尺度水文过程模拟与洪水灾害风险评估；冰雪流域年际水资源评估
适用状况	农业： 适用于大多数农业生产区域；针对气候变化引起的农业气候资源变化，适宜采用农田基本建设技术、农业种植结构调整技术与作物应变耕作栽培技术；针对气候变化引起的极端气候事件变化，适宜采用农田基本建设技术、作物抗逆品种选育技术、作物应变耕作栽培技术、作物病虫害防治技术与农业适应气候变化保险技术	农业： 关键技术将适用于不同的农业生产区域；农业适应气候变化法规政策体系与资金筹集机制将适用于整个国家
	森林： 空间上主要为重点林区及森林脆弱区；领域上技术开发和基础研究	森林： 适应于林业主管部门、林业经营者及生态系统研究领域
	草原： 适用于国家尺度草原生态系统气候变化风险评估和适应性管理，草原区生态退化治理、草牧业产业结构调整、草原碳贸易以及节能减排等	草原： 适用于现代草牧业持续健康发展

续表

阶段指标	近期 2020 年（瞄准"十三五"）	中远期 2025～2030 年
适用状况	湿地： 健康湿地技术体系：适用于所有地区、所有类型湿地，特别是退化湿地的恢复 负碳湿地技术体系：碳增汇技术适用于所有湿地；甲烷厌氧氧化主要适用于滨海湿地，淡水沼泽湿地和泥炭地通过补充硫酸盐和铁盐，也有适用潜力 节水湿地技术体系：适用于北方干旱半干旱地区到半湿润地区天然湿地和各类人工湿地	湿地： 水陆交互生态复合资源利用技术体系：适用于具有农业开发利用属性的湿地，如水稻田、苇场、鱼塘、虾塘等 EBA 湿地管理技术体系：所有湿地、所有区域都适用
	生物多样性： 生物多样性领域，适用于濒危动植物物种的监测、保护和管理，区域将选择西南山地、秦岭、东北林区以及西北荒漠区，濒危物种包括大熊猫、羚牛、黑熊、雪豹、红豆杉、重楼等	生物多样性： 典型物种类群和区域适应气候技术得到有效研究和应用
	人体健康： 高温热浪健康风险预警技术主要适用于我国热岛效应明显的城市区域；媒介传染病监测与防控技术适用于媒介传染病的主要流行区域；极端天气气候事件与人体健康监测预警技术以及人群健康对气候变化脆弱性评估技术适用于我国各地区	人体健康： 联动监测系统、决策支持与公共服务系统适用于人体健康响应气候变化的敏感区
	冰川： 满足区域陆面模式和流域水文模拟的冰雪数据产品；具备冰雪洪水预报和损失风险评估能力的模拟系统；成为水资源优化配置和调度的重要参考	冰川： 冰雪流域洪水灾害风险评估和年际水资源评估的核心技术
技术需求	农业： 加强农田基本建设，加快推进作物抗逆品种选育技术研发及应用，完善并实施作物应变耕作栽培技术，改进作物病虫害防治技术，加快农业适应气候变化保险技术推广，探索农业种植结构调整新模式	农业： 建立比较完备的农业适应气候变化的法规政策体系，建立完善的农业适应资金筹集和管理体制，将农业适应气候变化与国家扶贫规划相结合
	森林： 适应气候变化	森林： 适应气候变化
	草原： 位于干旱半干旱区的草地生态系统是对气候变化最敏感的区域，同时也是最大的陆地碳汇。气候变化风险评估与监测预警、固碳增汇、适应性管理技术的研究，对于维持草原生态系统健康、发挥生态系统服务具有重要作用	草原： 基于风险评估的草牧业保险、数字化管理技术对于促进草牧业现代化具有重要意义

指标　阶段	近期 2020 年（瞄准"十三五"）	中远期 2025～2030 年
技术需求	湿地： 健康湿地技术体系：据对我国重点调查湿地的健康状况评价，"健康"的占重点调查湿地面积的 15.47%；处于"亚健康"等级的占 52.68%；处于"不健康"等级的占 31.85% 负碳湿地技术体系：2014 年，IPCC 正是发布《对 2006 IPCC 国家温室气体清单指南的 2013 增补：湿地》，通过复湿和恢复等技术减少温室气体排放开始成为国际关注的主题。未来国际气候谈判将从储量提升到通量，因此"十三五"期间必须同时考虑碳库存和碳排放的集成技术 节水湿地技术体系："十三五"期间，由于农业现代化和生态文明建设这两项国家战略的实施，东北地区亟需平衡湿地保护和农业生产对水资源的竞争；黑龙江省规划实施的"三江连通"工程和吉林省在建的河湖连通工程亟需科技支撑。因此，集成上述技术，制定规程，无论从全国还是从地方看，开展节水湿地技术都是进入国民经济发展和生态文明建设主战场的必备"武器"，需求旺盛	湿地： 水陆交互生态复合资源利用技术体系：湿地产品在广义的农业中占有重要地位。据统计，全国 60% 以上的粮食、经济作物产品和畜产品以及 80% 以上的淡水鱼和蚕茧是由湿地农业生态系统生产的。我国农业现代化建设和生态文明建设都离不开湿地农业的现代化 EBA 湿地管理技术体系：近 10 年来我国湿地保护力度不断加大，但湿地面积仍然减少了 339.63 万 hm^2，占 8.82%。科学管护湿地是保住"2020 年全国湿地保有量力争 8 亿亩以上"红线的主动适应性选择。如何合法合理地退耕还湿、开展湿地保护奖励、扩大湿地生态效益补偿试点，亟需科技支撑
	生物多样性： 需要整合 GIS、物联网、红外相机、分子生物学等多学科的技术手段，借助空间统计和遗传分析的方法，全面的深入的对濒危物种的生境和种群进行监测和保护	生物多样性： 生物多样性监测技术研发，预警、救护和适应技术研发，信息系统平台和综合管理平台建立
	人体健康： 开展气候变化对人类健康影响的监测预警技术研发，以高温热浪、低温寒潮、灰霾、洪涝、干旱、风暴等为重点，建立预测、监测、应对、快速响应为一体的预警预报系统；研发气候变化与健康脆弱性的综合评估模型及脆弱性分区技术	人体健康： 联动监测、信息发布、动态决策是有效应对气候变化持续影响人体健康的必然要求
	冰川： 高分辨率冰川积雪动态更新的遥感检测技术；大尺度冰雪流域水文过程模拟技术	冰川： 以遥感产品为重要数据来源的大尺度冰雪流域水文过程模拟技术
技术突破	农业： 气候变化对农业影响风险的定量化、精确化评估；基因工程、微生物试剂、应变耕作栽培、保险模式等基本技术的创新与突破	农业： 智能化、信息化、现代化农业适应技术体系研发，并将农业适应气候变化纳入国家顶层设计

续表

指标 \ 阶段	近期 2020 年（瞄准"十三五"）	中远期 2025～2030 年
技术突破	森林： 森林碳库普查，气候–森林植被相互作用机制研究，动态植被模型开发，数据共享网络建设	森林： 减排经营系统建设及森林系统自适应技术的基础理论研究
	草原： 创新草原气候变化影响监测与风险评估方法，实现草原固碳增汇及适应性管理技术突破	草原： 研究草牧业气候灾害保险技术，基于现代信息技术实现草原气候变化适应性管理
	湿地： 健康湿地技术体系：人工食物链抚育 负碳湿地技术体系：甲烷厌氧氧化微生物技术、甲烷二氧化碳协同减排技术 节水湿地技术体系：湿地最小生态需水量和最低生态水位的确定	湿地： 水陆交互生态复合资源利用技术体系：耐旱耐淹育种、水产品耐高温养殖、能源药用植物抵御极端天气栽培技术 EBA 湿地管理技术体系：湿地的跨部门管理活动中，科学家从咨询方成为参与方的思路转换和破除体制机制障碍
	生物多样性： 优先区系统保护规划技术；濒危物种种群和生境监测平台构建；濒危物种解濒技术	生物多样性： 提出全国生物多样性保护的适应气候变化的技术指南
	人体健康： 气候变化与人体健康联动的监测系统与数据平台	人体健康： 气候变化与人体健康的耦合作用系统
	冰川： 流域尺度不同规模冰川对气候变化的动力响应模拟技术。	冰川： 基于区域气候模式耦合冰雪水文过程的模拟系统
研制攻关	农业： 政府主导、专业科研技术团队攻关、农业适应技术推广	农业： 政府主导、专业科研技术团队攻关、农业适应技术推广
	森林： 政府主导、专业科研技术人员专攻	森林： 政府主导、专业科研技术人员专攻
	草原： 地面联网观测、专业技术人员联合攻关	草原： 政府主导、天地一体化观测模拟、多源数据融

阶段 指标	近期 2020 年（瞄准"十三五"）	中远期 2025～2030 年
研制攻关	湿地： 健康湿地技术体系：该技术需要更多湿地保护区或湿地公园的参与，有助于完善健康湿地技术框架体系，并形成针对性的技术 负碳湿地技术体系：湿地水分养分管理、抑制甲烷生成和促甲烷氧化添加剂的耦合，需要湿地生物地球化学家与微生物学家的协同攻关 节水湿地技术体系：大规模节水技术的实地中试和推广需要平台；节水湿地技术的长期生态学效应需要后续跟踪监测	湿地： 水陆交互生态复合资源利用技术体系：建议与农科院系统合作攻关 EBA 湿地管理技术体系：需要科研工作者与保护区、社区、政府主管部门、NGOs、志愿者、公司等的协同攻关
	生物多样性： 适应气候变化的濒危物种种群和生境监测平台构建；濒危物种解濒技术	生物多样性： 基因–物种–生态系统多尺度监测
	人体健康： 卫生、气象、人口、社会经济等多部门数据共享机制与平台	人体健康： 监测–信息发布–动态决策集成模式
	冰川： 冰雪冰湖多分辨率遥感监测技术，高寒地区降水/雪遥感反演技术	冰川： 区域尺度气候–冰雪–水文耦合模拟系统
技术效果	农业： 农业关键适应技术的应用，将极大地适应气候变化所带来的农业影响	农业： 将带来农业适应气候变化的长远效益，推动适应行动的多层面、多角度、多领域的整体前行
	森林： 对气候变化背景下的森林动态监测、预警、模拟实现全面的开发和应用，充分认识气候变化对生态系统的影响机制	森林： 了解气候变化背景下森林生态系统自适应机理及管控，建立森林减排经营系统
	草原： 解决应对草牧业气候变化的技术瓶颈，缓解草原生态退化，增加草原碳汇能力，恢复草原生态系统服务功能	草原： 提高草牧业应对气象灾害的能力，实现低碳–高效草牧业生产系统稳定发展

续表

阶段 指标	近期 2020 年（瞄准"十三五"）	中远期 2025～2030 年
技术效果	**湿地：** 健康湿地技术体系：气候变化往往加重了不合理的人类活动所带来的影响。相对于气候变化来说，不合理的人类活动压力对生态系统的影响更加直接。健康湿地技术可以同时减轻人类活动和气候变化对湿地生态系统带来的双重压力，保持和恢复湿地生态系统的健康，即能显著降低湿地对气候变化的脆弱性 负碳湿地技术体系：相关技术的研发将有助于实现我国的碳减排承诺，并在谈判中处于更有利的位置 节水湿地技术体系：能显著提高湿地抵御气候变化导致的干旱缺水的能力，保障湿地功能正常发挥	**湿地：** 水陆交互生态复合资源利用技术体系：有效提高农业湿地抗气候变化影响的能力 EBA 湿地管理技术体系：填补湿地生态学家与湿地管理者之间的缺口，从管理层有效提高湿地适应气候变化的能力
	生物多样性： 通过实施濒危物种、生态系统和保护优先区监测技术体系，可以动态的了解生物多样性时空变化，制定适应性的管理方案，从而加强了保护的有效性、针对性。通过构建生物廊道，可以改善景观连通性，促进种群的基因交流，增强种群遗传多样性，提高物种对于气候变化及极端天气事件的抵抗力，提高种群的稳定性和生存力	**生物多样性：** 全国生物多样性面对气候变化影响的威胁得到有效应对，生物多样性和生态系统功能利用得到加强，促进生物多样性保护利用和利益共享
	人体健康： 针对不同区域、不同脆弱人群、不同疾病类型制订相应的适应措施和策略	**人体健康：** 从监测到信息发布和动态决策的链条式集成平台，可大力推动人体健康快速响应气候变化
	冰川： 日尺度冰雪径流与潜在冰雪洪水识别水平显著提升	**冰川：** 冰雪流域水资源年代际趋势预估能力
成效分析	**农业：** 在已有适应实践基础上，增加基本科研、农田建设、政府引导和推广等投入，具有重要的经济效益与社会效益	**农业：** 农业适应气候变化综合技术体系投入较高，将推进构建气候智能型农业，极大地保障粮食安全
	森林： 需要调查与试点投入，系统开发和监测设备投入，基础研究投入	**森林：** 主要涉及探索方法及研究机理，只需前期研究投入
	草原： 技术投入相对适中，收获成效具有重要的生态学价值和经济价值	**草原：** 技术投入相对较高，但可在一定程度上缓解我国畜牧业生产与生态破坏之间的矛盾问题

指标 \ 阶段	近期 2020 年（瞄准"十三五"）	中远期 2025~2030 年
成效分析	湿地： 健康湿地技术体系：在原有的湿地保护工程和规划中增加对气候变化的考量，无需额外新增投资，属于低投入高产出的技术类型 负碳湿地技术体系：抑制甲烷生成和促甲烷氧化添加剂的研发成本较高，但成功后技术含量高，起效快，综合使用成效较高；有利于增汇减排的湿地水分养分管理技术投入较低而成效会较高 节水湿地技术体系：投入中等，需要新增部分工程或对原有水力设施进行改造，但效益突出，可长期发挥作用	湿地： 水陆交互生态复合资源利用技术体系：投入较低，产出较高 EBA 湿地管理技术体系：投入低，产出高
	生物多样性： 将为建设美丽中国和健康中国减少气候变化对生物多样性影响，提供技术支撑，将促进中国自然保护区网络体系建设和生物多样性、生态系统服务得到有效保护	生物多样性： 将为建设美丽中国和健康中国减少气候变化影响，自然保护区和生物多样性得到有效保护
	人体健康： 以整合现有的监测平台为主，增加健康监测指标，估计需要一定的投入，但技术的应用可减少相关疾病的发病负担，总体估测为低投入	人体健康： 耦合模式的发展完善，有力提升健康水平，优化区域福祉
	冰川： 业务化的冰雪洪水预报技术体系；不确定性水平显著降低的冰雪流域水资源预估应用示范	冰川： 面向西部冰雪流域的水资源预估系统
总体目标	农业： 关键技术的实施，将极大提升中国农业领域适应气候变化能力，使之达到国际领先水平。	农业： 将构建国家层面农业适应气候变化战略体系，惠及子孙后代。
	森林： 实施后预计在国际本领域适应气候变化处于国际领先地位	森林： 在国际上率先开展相关工作
	草原： 通过推进我国草原气候变化风险评估、监测预警、固碳增汇、适宜性管理技术的研发和推广，修复我国草原生态系统服务功能，为国家环境外交谈判、减缓和适应气候变化的影响等方面提供科学与应用的支持	草原： 通过草牧业气候灾害保险、数字化管理系统的建设与推广，推进我国草牧业现代化

阶段 指标	近期 2020 年（瞄准"十三五"）	中远期 2025~2030 年
总体目标	湿地： 健康湿地技术体系：健康的湿地将保持更长的寿命，并发挥更多的生态系统服务，无论从理念上还是从技术上，都有望成为国际上湿地适应气候变化的基础性技术体系 负碳湿地技术体系：鉴于本技术是从机理上开发的物理-化学-微生物复合技术，预期将成为科技含量较高的湿地适应技术体系之一 节水湿地技术体系：水是生命之源，湿地长期遇水则生，长期离水则死。节水湿地技术将改变人们对湿地"耗水、抢水大户"的传统认识，促使管理者以更有限的水资源保护更多的湿地，从而为公众提供更多的生态系统服务，因此有望成为国际上湿地适应气候变化的主要技术体系之一	湿地： 水陆交互生态复合资源利用技术体系：据《湿地公约》秘书局统计，全球 20% 的国际重要湿地中都包含农业利用湿地类型；78% 的国际重要湿地都支撑着农业生产；超过 50% 的湿地受到农业活动的威胁。该技术体系有望作为湿地"明智利用"的国际范例，成为广大湿地资源丰富的国家，特别是发展中国家借鉴和引进的技术体系 EBA 湿地管理技术体系：作为国内外学界和湿地管理者普遍接纳的模式，成功的 EBA 湿地管理技术体系有望成为软科学技术的典范
	生物多样性： 实施后，在濒危物种、生态系统多样性和生物多样性监测、保护和管理方面，我国将达到国际先进水平	生物多样性： 实施后，在濒危物种、生态系统多样性和生物多样性监测、保护和管理方面，我国将达到国际先进水平
	人体健康： 明显提升我国人体健康领域适应气候变化的地位	人体健康： 形成人体健康领域响应气候变化的有效应对方案，相关技术达到国际先进水平
	冰川： 通过多元多尺度遥感监测，分析气候变化对西部冰雪变化的影响；以降尺度气候数据驱动耦合冰雪产流模块的流域水文面向，系统气候变化对冰川流域水资源影响，提升冰雪洪水预报能力	冰川： 发展区域尺度气候-冰雪-水文耦合模拟系统，在季节、年际和年代际尺度上系统评估气候变化情境下冰雪流域水资源变化趋势